Arun Kumar
Rajeev Padbhushan

AVALIAÇÃO DO VIGOR DAS SEMENTES PARA TOLERÂNCIA AO CALOR NO TRIGO PANIFICÁVEL

Arun Kumar
Rajeev Padbhushan

AVALIAÇÃO DO VIGOR DAS SEMENTES PARA TOLERÂNCIA AO CALOR NO TRIGO PANIFICÁVEL

Stress térmico e vigor das sementes

ScienciaScripts

Imprint

Any brand names and product names mentioned in this book are subject to trademark, brand or patent protection and are trademarks or registered trademarks of their respective holders. The use of brand names, product names, common names, trade names, product descriptions etc. even without a particular marking in this work is in no way to be construed to mean that such names may be regarded as unrestricted in respect of trademark and brand protection legislation and could thus be used by anyone.

Cover image: www.ingimage.com

This book is a translation from the original published under ISBN 978-620-7-99569-1.

Publisher:
Sciencia Scripts
is a trademark of
Dodo Books Indian Ocean Ltd. and OmniScriptum S.R.L publishing group

120 High Road, East Finchley, London, N2 9ED, United Kingdom
Str. Armeneasca 28/1, office 1, Chisinau MD-2012, Republic of Moldova, Europe
Printed at: see last page
ISBN: 978-620-8-02866-4

DEDICADO AOS MEUS QUERIDOS PAIS

Reconhecimento

Uma dívida preciosa como a da aprendizagem é a única dívida que não só é difícil como também impossível de pagar, exceto talvez através da gratidão. Logo no início, inclino a minha cabeça com reverência e, com toda a dedicação, concedo a minha gratidão recôndita ao "Todo-Poderoso", o misericordioso e compassivo, cuja graça, glória e bênçãos me permitiram concluir este empreendimento. Sem a bênção do "Deus Todo-Poderoso", estes esforços teriam permanecido um sonho rebuscado e um conjunto de notas. É com imenso prazer que exprimo o meu profundo sentimento de gratidão e reverência ao meu orientador, Dr. O. S. Dahiya, Cientista Sénior, Departamento de Ciência e Tecnologia das Sementes, CCS Haryana Agricultural University, Hisar. O trabalho de investigação empreendido teria ficado por realizar sem a sua valiosa orientação, o seu grande interesse, a sua persuasão contínua e a sua notável paciência durante todo o curso do estudo. O seu encorajamento incessante, os seus esforços incansáveis, a sua inspiração, a sua ajuda sempre disponível, as suas críticas precisas e construtivas e as suas sugestões meticulosas ao longo desta investigação permitiram-me realizar o meu trabalho de investigação e preparar este manuscrito. Gostaria de deixar registada a minha sincera gratidão ao Dr. R. P. S. Kharb, retd. Professor e Diretor do Departamento de Ciência e Tecnologia das Sementes, pelo seu vivo interesse, pelos seus conselhos oportunos e pela sua inestimável orientação, estímulo, encorajamento constante, esforços penosos, sugestões experientes e científicas ao longo da realização desta investigação e por me ter proporcionado as facilidades necessárias durante o meu programa de estudo e investigação. Sinto-me profundamente encantado e tenho a prerrogativa de expressar o meu profundo sentimento de gratidão ao meu comité consultivo, Dr. R. C. Punia Diretor, farm, Dr. S. K. Khirbat, retd. Professor e Dr. Anil Kumar, Cientista Sénior, Departamento de Patologia Vegetal, Dr. I. S. Yadav, Cientista Sénior e Dr. S. S. Dhanda, Cientista Sénior, Departamento de Genética e Melhoramento de Plantas, Dr. R. S. Antil, Diretor, Educação para a Extensão (Dean PGS nomeado) pelas suas valiosas sugestões, ajuda eterna e atitude sempre encorajadora. De modo muito especial, presto a minha humilde reverência e agradeço à Dra. (Sra.) Renu Munjal, ao Dr. V. P. Sangwan, ao Dr. D. P. Deswal, ao Dr. S. S. Verma, ao Dr. S. S. Jakhar e ao Dr. V. S. Mor, ao Dr. Axay Bhukhar pela orientação e ajuda que me deram durante o estudo. Quero também exprimir o meu profundo sentimento de gratidão à tia Munni, ao tio Desraj, ao senhor Subhash e a outro pessoal laboratorial e não docente pela sua ajuda e assistência atempadas no laboratório para o trabalho quotidiano. Reconheço profundamente a ajuda do pessoal de campo durante a minha investigação. Os meus mais sinceros agradecimentos e apreço a Vinod Kumar, Ashwin B. Dahake, Pankaj Kumar Mishra, Abhinav Dayal, S. Harish, Dayaneshwar Gajanan Gend, Jitendra pela sua afável assistência, pelo seu árduo afeto e pela alegre companhia que me prestaram durante o estudo. Um agradecimento especial ao professor e aos alunos mais velhos do Agricultural College, Bapatla, pela orientação adequada. Sem as suas bênçãos, talvez não estivesse aqui. Expresso também a minha sincera gratidão ao Ministério da Ciência e da Tecnologia, Governo da Índia, Nova Deli, pela concessão de assistência financeira sob a forma de uma bolsa INSPIRE. Os meus sentimentos de gratidão para com os meus respeitados pais não têm palavras suficientes. Com extrema humildade, inclino a minha cabeça para os meus queridos pais, cujas bênçãos, imensa paciência e encorajamento foram a fonte constante de inspiração que tornou a tarefa bem sucedida. Um mero agradecimento não pode jamais expressar os meus sentimentos para com o meu irmão mais velho Ashok Kumar, o meu irmão mais novo Anjani Kumar e as minhas irmãs mais velhas Shobha Singh e Usha Singh pelo seu afeto constante, felicidade eterna, apoio emocional e moral muito necessário e bons desejos.

Arun Kumar

Conteúdo

Capítulo I

INTRODUÇÃO

O trigo (*Triticum aestivum* L.) é uma cultura amplamente adaptada. É cultivado desde zonas temperadas e irrigadas até zonas secas e de elevada pluviosidade e desde ambientes quentes e húmidos até ambientes secos e frios. Sem dúvida, esta ampla adaptação foi possível devido à natureza complexa do genoma da planta (2n=42, AABBDD), que proporciona uma grande plasticidade à cultura. O trigo pertence à família das poaceae e é uma planta C3 e, como tal, desenvolve-se em ambientes frescos. É a segunda cultura cerealífera mais importante da Índia. Na Índia, é cultivado em quase todos os estados do norte e do centro do país. Produz numa área de 29,65 mha, com uma produção de 92,46 mt e uma produtividade de 3,118 t/ha (Anónimo, 2013). O Uttar Pradesh ocupa o primeiro lugar em termos de área e produção, enquanto o Punjab e o Haryana ocupam o primeiro e o segundo lugar, respetivamente, em termos de produtividade. O grão de trigo é um alimento básico utilizado para fazer farinha para chapatti, pães fermentados, planos e cozidos a vapor, biscoitos, bolachas, bolos, cereais de pequeno-almoço, massas, noodles e cuscuz e para fermentação para fazer cerveja, outras bebidas alcoólicas ou biocombustível.

A quota-parte da Índia na área mundial de trigo é de cerca de 12,50%, enquanto ocupa uma quota de 12,05% na produção mundial total de trigo. As variedades de trigo recentemente desenvolvidas atingiram o potencial de produção de cerca de 6 t/ha, enquanto a produtividade nacional se manteve em 3,118 t/ha (Anónimo, 2013). A melhoria do desempenho do material vegetal/semente está a tornar-se cada vez mais importante na agricultura moderna. A pureza genética, a pureza física, a viabilidade, o vigor e o tamanho uniforme das sementes são os parâmetros mais importantes para determinar a qualidade das sementes (Sinha *et al.*, 2001). A elevada germinação e o vigor das sementes são pré-requisitos para o êxito do estabelecimento do povoamento das plantas cultivadas. Geralmente, o stress (humidade/calor) tem um efeito deletério na germinação e no vigor da cultura. A taxa e o grau de estabelecimento das plântulas são factores extremamente importantes na determinação do rendimento e do tempo de maturação (Brigg e Aylenfisu, 1979).

O stress térmico é frequentemente definido como o aumento da temperatura para além de um nível limite durante um período de tempo suficiente para causar danos irreversíveis ao crescimento e desenvolvimento das plantas. Em geral, uma elevação transitória da temperatura, normalmente 2-3°C acima da temperatura ambiente, é considerada um choque térmico ou stress térmico. Além disso, o stress térmico é uma função complexa da intensidade (temperatura em graus), da duração e da taxa de aumento da temperatura. A medida em que ocorre em zonas climáticas específicas depende da probabilidade e do período de ocorrência de temperaturas elevadas durante o dia e/ou a noite. Assim, a tolerância ao calor é geralmente considerada como a capacidade da planta para crescer e produzir rendimento económico sob temperaturas elevadas. No entanto, alguns investigadores consideram que as temperaturas nocturnas são os principais factores limitantes, enquanto outros argumentam que as temperaturas diurnas e nocturnas não afectam a planta de forma independente e que a temperatura média diurna é um melhor indicador da resposta da planta a temperaturas elevadas, tendo a temperatura diurna um papel secundário (Peet e Willits, 1998).

Os modelos climáticos globais prevêem um aumento geral da temperatura ambiente média entre 1,8 e 5,8°C até ao final deste século (IPCC, 2007). Os climas futuros também serão afectados por uma maior variabilidade da temperatura e por uma maior frequência de dias quentes (Pittock, 2003). Com as alterações climáticas previstas e o aquecimento global, é provável que o stress térmico terminal para a cultura do trigo aumente num futuro próximo (Mitra e Bhatia, 2008). O trigo, sendo um cereal temperado (estação de inverno), é particularmente sensível a temperaturas elevadas e já foram registadas tendências de aumento das temperaturas da estação de crescimento nas principais regiões produtoras de trigo (Gaffen e Ross, 1998; Alexander *et al.*, 2006; Hennessy *et al.*, 2008). O rendimento da cultura diminui em 4,0% por cada aumento de 1°C na temperatura acima da temperatura ambiente, ou seja, 25°C (Wardlaw e Wrigley, 1994). O trigo sofre de stress térmico em graus variáveis em diferentes fases fenológicas, mas o stress térmico durante a fase reprodutiva é mais prejudicial do que durante a fase vegetativa devido ao efeito direto no número de grãos e no peso seco (Wollenweber *et al.*, 2003). Os efeitos adversos do stress térmico podem ser atenuados através do desenvolvimento de plantas cultivadas com melhor tolerância térmica (Wahid *et al.* 2007).

O stress provocado por temperaturas elevadas leva a um aumento da produção de espécies reactivas de oxigénio (ROS) que perturbam o metabolismo normal das plantas, causando peroxidação lipídica, desnaturação de proteínas e danos no ADN (Almeselmani *et al.*, 2006). O teor de ROS é controlado por um sistema antioxidante que inclui antioxidantes de baixo peso molecular (ascorbato, tocoferol, glutationa, etc.) e enzimas anti-oxidativas como a superóxido dismutase (SOD), a peroxidase (POD) e a catalase (CAT), enzimas geradoras e degradadoras de H_2O_2 , respetivamente (Suzuki e Mittler, 2006; Turhan *et al.*, 2008). As plantas termotolerantes devem possuir um melhor sistema anti-oxidativo para uma remoção eficaz das ROS.

O stress térmico devido a temperaturas ambiente elevadas constitui uma séria ameaça para a produção vegetal em todo o mundo (Hall, 2001). Estas tensões (calor/humidade) são factores importantes responsáveis pelas maiores perdas agrícolas, pois afectam as várias actividades fisiológicas e metabólicas das plantas, limitando assim o rendimento e a produtividade. Do mesmo modo, estas tensões (calor/humidade) têm um efeito deletério na quantidade e qualidade (germinação e vigor) do trigo, especialmente durante o desenvolvimento do grão e a fase de maturação durante os últimos anos, o que se está a tornar um problema grave, particularmente no Norte da Índia (Haryana, Punjab). O vigor das sementes é o parâmetro de qualidade mais importante e depende de múltiplos atributos fisiológicos e bioquímicos. A informação sobre esses parâmetros e também a base para classificar os vários genótipos de trigo como tolerantes e susceptíveis ao calor é muito escassa. Por conseguinte, este tipo de trabalho pode constituir um novo conceito para o mecanismo de tolerância a altas temperaturas no trigo. Sublinha-se que os estudos acima referidos são muito importantes e necessários para selecionar os genótipos/cultivares de grão-de-bico quanto à sua tolerância a altas temperaturas em diferentes condições agro-climáticas. Este tipo de conhecimento do comportamento genotípico a altas temperaturas assume uma grande importância que, em última análise, pode beneficiar a indústria de sementes de trigo e os agricultores na Índia. Por conseguinte, o presente trabalho de investigação foi realizado em genótipos de trigo tolerantes e susceptíveis ao calor, com os seguintes objectivos

1. Avaliar genótipos de trigo quanto ao potencial de vigor das sementes e à tolerância ao calor durante a fase de enchimento dos grãos.
2. Determinar a relação entre os factores climáticos, os parâmetros de vigor das sementes e a componente de rendimento.
3. Estudar o efeito do stress térmico na capacidade de armazenamento das sementes.

Capítulo II

REVISÃO DA LITERATURA

O stress provocado por temperaturas elevadas está a tornar-se uma grande preocupação para os cientistas de plantas de todo o mundo devido às alterações climáticas previstas para as zonas temperadas, em especial para a cultura do trigo. Vários modelos climáticos globais prevêem um aumento da temperatura ambiente média entre 1,8 e 5,8°C até ao final deste século (IPCC, 2007). No futuro, os climas também serão afectados por uma maior variabilidade da temperatura ambiente e por um aumento da frequência dos dias quentes (Pittock, 2003). Para adaptar novas variedades de culturas ao clima futuro, é necessário compreender como é que as culturas respondem a temperaturas ambiente elevadas e como é que a tolerância ao calor pode ser melhorada (Halford, 2009). As plantas detectam as alterações da temperatura ambiente através de alterações no metabolismo, na fluidez das membranas, na conformação das proteínas e na montagem do citoesqueleto (Ruelland e Zachowski, 2010). Estas reacções desencadeiam processos adaptativos, como a expressão de proteínas de choque térmico, até serem atingidos novos equilíbrios celulares. No entanto, temperaturas superiores às óptimas para o crescimento podem ser prejudiciais, causando danos irreversíveis, o que é geralmente designado por "stress térmico" (Wahid *et al.*, 2007). O stress térmico é uma função da magnitude e da taxa de aumento da temperatura, bem como da duração da exposição à temperatura elevada (Wahid *et al.*, 2007), que resulta das respostas do trigo a temperaturas elevadas durante as fases reprodutiva e de enchimento do grão. O trigo (*Triticum aestivum* L.) é muito sensível a temperaturas elevadas (Slafer e Satorre, 1999) e as tendências de aumento das temperaturas na estação de crescimento já foram registadas por vários trabalhadores nas principais regiões produtoras de trigo do mundo (Gaffen e Ross, 1998; Alexander *et al.*, 2006; Hennessy *et al.*, 2008). O trigo sofre de stress térmico em graus variáveis em diferentes fases de crescimento, mas o stress térmico durante a fase reprodutiva é mais prejudicial do que durante a fase vegetativa devido ao efeito direto no número de grãos e no seu peso seco (Wollenweber *et al.*, 2003). É também provável que o stress térmico terminal aumente no trigo num futuro próximo (Mitra e Bhatia, 2008; Semenov, 2009). Por conseguinte, o foco principal está nas respostas ao aumento das temperaturas durante as fases reprodutiva e de enchimento do grão e nos processos que afectam o rendimento do grão.

A temperatura óptima para a antese e o enchimento do grão no trigo varia entre 12 e 22°C. A exposição a temperaturas superiores a esta gama pode reduzir significativamente o rendimento do grão, tal como referido por vários trabalhadores (McDonald *et al.*, 1983; Mac~as *et al.*, 1999, 2000; Mullarkey e Jones, 2000; Tewolde *et al.*, 2006). O stress térmico durante a antese aumenta a taxa de aborto dos floretes (Wardlaw e Wrigley, 1994). Este stress na fase de fertilização pode provocar a esterilidade do pólen, a desidratação dos tecidos, uma menor assimilação de CO_2 e um maior nível de fotorrespiração. Embora as temperaturas elevadas favoreçam o crescimento (Fischer, 1980; Kase e Catsky, 1984), também reduzem o período de crescimento, o que não é compensado pelo aumento da taxa de crescimento (Wardlaw e Moncur, 1995; Zahedi e Jenner, 2003). No entanto, temperaturas superiores a 30°C, durante a formação de floretes, podem causar esterilidade completa, conforme relatado por Saini e Aspinal, 1982. Por conseguinte, quando as temperaturas aumentam entre a antese e a maturidade do grão, o rendimento do grão é reduzido devido ao menor peso do grão e ao menor tempo para captar recursos.

Observou-se que, de 1950 a 1993, o aumento das temperaturas mínimas diárias globais foi mais do dobro do aumento das temperaturas máximas diárias (Easterling *et al.,* 1997). O aumento da temperatura mínima diária parece ter mais impacto na produção de trigo, uma vez que o rendimento do grão está mais fortemente correlacionado negativamente com o aumento das temperaturas mínimas do que com o aumento das temperaturas máximas, tal como referido por Lobell *et al.* (2005). Por exemplo, o mesmo autor observou no México que a redução do rendimento do trigo diminuía em 10% por cada aumento de 1°C na temperatura nocturna, mas o mesmo aumento na temperatura diurna não tinha um efeito significativo. Prasad *et al.* (2008a) relataram que temperaturas nocturnas superiores a 20°C podem reduzir a fertilidade das espiguetas, com a consequente redução do tamanho e do número de grãos. O aumento das temperaturas nocturnas também diminui linearmente a duração do enchimento dos grãos, como observado por Prasad *et al.* (2008a). Ele constatou que temperaturas noturnas de 20 e 23°C reduziram o período de enchimento de grãos em 3 e 7 dias, respetivamente.

2.1 Efeito da alta temperatura durante o crescimento e desenvolvimento dos grãos

O desenvolvimento do grão é afetado por vários stresses abióticos, entre os quais o stress térmico reduz a translocação de assimilados e a duração e taxa de enchimento do grão são diretamente influenciadas por alterações da temperatura ambiente. A extensão dos danos causados pelo calor depende do nível de stress térmico.

Tanto o peso como o número de grãos são afectados pelo stress provocado por temperaturas elevadas (Ferris *et al.,* 1998). A influência da temperatura em cada um destes componentes do rendimento de grãos depende da fase de desenvolvimento em que ocorre o stress térmico. Por exemplo, Saini e Aspinall (1982) relataram que, entre a colheita e a antese, temperaturas acima de 20°C podem reduzir substancialmente o número de grãos por espiga. Vários eventos durante esta fase fenostática influenciam o número de grãos, incluindo a cabeça, a diferenciação dos órgãos florais, a esporogénese masculina e feminina, a polinização e, finalmente, a fertilização. O stress térmico aumenta a taxa de desenvolvimento da espiga, o que resulta numa redução dos dias até ao vingamento (Porter e Gawith, 1999), do número de espiguetas e, consequentemente, do número de grãos por espiga (Saini e Aspinall, 1982). No entanto, alguns trabalhadores referiram que o período entre a cabeça e a antese não é o período mais sensível ao stress térmico. O período mais sensível é entre o aparecimento de duas cristas no ápice do rebento e a folha bandeira. Rawson e Bagga (1979) relataram uma relação inversa entre a duração da alta temperatura e o número de grãos por espiga durante este período. A razão sugerida por McMaster (1997) para essa sensibilidade é que as espiguetas começam a se formar na espiga a partir de cristas de tecido entre cristas de primórdios foliares indiferenciados, chamado de estágio de crista dupla e, em seguida, cada meristema de espigueta começa a produzir florzinhas e a redução na duração da emergência até a crista dupla e da crista dupla até a antese reduz o número de espiguetas por espiga e o número de grãos por espigueta.

Saini e Aspinall (1982) observaram que, embora a temperatura elevada *(>30°C)* durante o desenvolvimento dos floretes possa causar esterilidade completa, também foram observadas variações entre genótipos de trigo (Gibson e Paulsen, 1999; Anjum *et al.,* 2008; Zhao *et al.,* 2008). O stress provocado por temperaturas elevadas em torno da iniciação floral tem efeitos graves no número de grãos por espiga. Por exemplo, Fischer (1985) observou que o número de grãos por espiga diminuía 4 por cento por cada aumento de 1°C de 15 para 22°C nos 30 dias antes da antese. O trigo exposto a 30°C durante três dias consecutivos, quando as células-mãe do pólen estavam a dividir-se, reduziu substancialmente a formação de grãos e, consequentemente, o rendimento de grãos (Saini e Aspinall, 1982). Também se observou uma redução no pegamento de grãos quando as plantas foram expostas durante um dia a 30°C, ou durante três dias a temperaturas dia/noite de 30/20°C (Saini e Aspinall, 1982). As reduções no rendimento de grãos devido à redução do pegamento de grãos não são compensadas por aumentos no peso dos grãos (Saini e Aspinall, 1982). Os efeitos do stress provocado por temperaturas elevadas durante a pré-antese, particularmente durante a meiose e o crescimento dos ovários, que podem impor um limite superior para o peso potencial dos grãos, estão também associados à redução do número de grãos (Calderini *et al.,* 1999). Warrington *et al.* (1977) observaram que as temperaturas elevadas reduzem a duração entre a antese e a maturidade fisiológica, o que está geralmente associado a uma redução do peso do grão (Warrington *et al.,* 1977; Shpiler e Blum, 1986). Streck (2005) também relatou que a redução no peso dos grãos pode ocorrer para cada 1°C acima de 15-20°C. A variabilidade dos efeitos das temperaturas elevadas no número e tamanho dos grãos de trigo parece estar relacionada com diferenças genotípicas na tolerância ao calor (Viswanathan e Khanna-Chopra, 2001; Tahir e Nakata, 2005). Castro *et al.* (2007) registaram grãos de menor tamanho em catorze genótipos de trigo de primavera, independentemente da duração e da altura da condição de temperatura elevada.

Dias e Lidon (2009) observaram que o stress provocado por temperaturas elevadas acelera a taxa de enchimento dos grãos, ao passo que a duração do enchimento dos grãos é encurtada. Por exemplo, Yin *et al.* (2009) observaram que um aumento de 5°C na temperatura acima de 20°C aumentou a taxa de enchimento de grãos e reduziu a duração do enchimento de grãos em 12 dias no trigo. Nestas condições, o fornecimento de foto assimilados pode ser limitado, como sugerido por Calderini *et al.,* 2006. Streck (2005) calculou que, por cada 1°C acima da temperatura óptima de crescimento de 15-20°C, a duração do enchimento do grão é reduzida em 2,8 dias. A taxa de crescimento do grão aumenta com o aumento da temperatura, mas isso aparentemente depende da redução do número de grãos por espiga (Sofield *et al.,* 1977). Nas espigas em que o número de grãos é menos afetado pela temperatura elevada, as espiguetas reduzem a taxa de crescimento dos grãos (Sofield *et al.,* 1977). Portanto, seria de esperar que um aumento na taxa de enchimento de grãos pudesse compensar o período mais curto de enchimento de grãos, no entanto, isso ocorre a temperaturas acima de 30°C, como sugerido por Sofield *et al.,* (1977). Outros estudos também relataram que a duração do enchimento de grãos sob stress térmico não foi compensada por maiores taxas de enchimento de grãos (Wardlaw *et al.*, 1980; Stone *et al.*, 1995). Além disso, Viswanathan e Khanna-Chopra (2001) mostraram que tanto a duração como a taxa de crescimento do grão foram reduzidas pelo stress de temperatura elevada em genótipos que diferiam na estabilidade do peso do grão.

Zhang *et al.* (2010) referiram que o stress térmico afecta o rendimento do trigo e a qualidade dos grãos através de restrições na força do sumidouro e na capacidade da fonte. Revelou que o rendimento do grão depende do número de grãos por unidade de área (sumidouro) e da disponibilidade de assimilados (fonte) para encher esses grãos. Quando algumas espiguetas são removidas antes do enchimento dos grãos, há respostas diferenciadas no peso final dos grãos. As diferenças resultam de limitações do sumidouro (no caso dos genótipos não responsivos) ou de limitações da fonte (no caso dos genótipos responsivos). A taxa de crescimento dos grãos dos genótipos responsivos aumentou e resultou num maior peso final dos grãos individuais (Slafer e Savin, 1994). Numa experiência com 20 genótipos de trigo em condições de stress de temperatura normal e elevada em Khouzestan, no Irão, Radmehr *et al.* (2004) calcularam as restrições de fonte e de sumidouro com base no peso seco médio dos grãos restantes na espiga tratada e no controlo (sem remoção da folha bandeira e das espiguetas). Todos os 20 genótipos não apresentaram restrições de sumidouro, e a contribuição da folha bandeira para o peso seco dos grãos foi de 12%. No entanto, alguns genótipos apresentaram limitações de fonte estimadas em 0-34% (média de 12,6%) e 5,7-41,2% (média de 17,2%) sob condições favoráveis e desfavoráveis, respetivamente. Assim, a limitação da fonte devido à exposição ao stress térmico terminal foi maior em 6%.

Mohammadi (2012) relatou que o peso e a taxa de crescimento de grãos individuais de cultivares responsivas eram limitados na fonte, e as forças da fonte e do sumidouro dessas cultivares não eram equilibradas. Também revelou que a redução no peso de mil grãos foi de 11,3 por cento por grau centígrado de aumento na temperatura média desde a antese até à maturidade fisiológica sob stress térmico quando comparado com ambientes mais frios. O aumento da taxa de crescimento dos grãos não conseguiu compensar esta redução. À medida que a temperatura média diária aumenta, a produtividade do trigo diminui, em parte devido a uma taxa de desenvolvimento acelerada da cultura, que reduz a sua duração. Sugeriu que o peso do grão sob stress de temperatura elevada pode ser um melhor critério para a seleção térmica do que atributos fisiológicos como a estabilidade térmica da membrana, a atividade antioxidante, o teor fenólico ou a tolerância ao paraquato.

Mohammadi (2012) mostrou que a duração do enchimento do grão em dois ambientes diferentes, criados em abril e maio, diminuiu cerca de 15 dias sob temperaturas elevadas. A seleção de cultivares de trigo com elevado peso de grão que produzem razoavelmente bem em diversos ambientes levou ao lançamento de duas cultivares de trigo, Dehdasht (trigo duro) e Karim (trigo para pão), para zonas quentes de sequeiro pelo Instituto de Investigação Agrícola de Terras Secas do Irão. Estas duas cultivares de trigo têm um peso de mil grãos significativamente mais elevado do que as cultivares mais antigas. Modhej (2008) referiu que a precocidade pode reduzir o efeito da limitação das fontes, e os genótipos precoces, porque florescem e desenvolvem o grão antes do início das temperaturas elevadas, produzem grãos mais pesados. Isto implica que quanto mais cedo ocorrer a emergência da espiga, maior será a duração do crescimento do grão (Radmehr *et al.*, 2005). O stress provocado pelas temperaturas elevadas reduziu o peso do grão ao diminuir a duração do crescimento do grão, mas não a taxa de crescimento do grão. Por conseguinte, o peso do grão foi baixo devido à redução da duração do enchimento do grão (Asseng *et al.,* 2011; Lobell *et al.,* 2012). Por conseguinte, a manutenção de um peso de grão ótimo em condições de stress a altas temperaturas (o que indica uma capacidade óptima de produção e disponibilidade de assimilados) é uma medida de tolerância a altas temperaturas. Observações semelhantes foram também registadas por muitos outros trabalhadores (Tyagi *et al.*, 2003; Singh *et al.*, 2006).

O stress térmico aumenta a permeabilidade da membrana celular, inibindo assim a função celular devido à desnaturação das proteínas e ao aumento dos ácidos gordos insaturados que perturbam o movimento da água, dos iões e dos solutos orgânicos através das membranas. A acumulação de espécies reactivas de oxigénio (ERO) associada ao stress provocado por temperaturas elevadas também danifica as membranas (Abdul-Razack e Tarpley, 2009). Reynolds *et al.* (1994) observaram que a baixa expressão da fuga de electrólitos do tecido foliar após um choque térmico in vitro, uma indicação da termoestabilidade das membranas, estava associada ao desempenho de 16 genótipos de trigo numa gama de stress a altas temperaturas em locais de campo em todo o mundo.

Mesmo em condições relativamente óptimas, o conjunto de grãos é aparentemente conservador e sensível ao fornecimento de hidratos de carbono (Fischer, 2011). Reynolds *et al.* (2007) revelaram, com base em dados de investigação de ambientes quentes de cultivo de trigo, que o número de grãos é frequentemente reduzido mais do que seria de esperar de reduções na biomassa, levando a um índice de colheita relativamente baixo sob stress de temperatura elevada

Entre as diferentes fases de crescimento da planta, o stress térmico afecta em primeiro lugar a germinação. O stress provocado por temperaturas elevadas tem um impacto negativo em várias culturas durante a germinação das sementes, embora as gamas de temperaturas variem muito consoante as espécies vegetais (Johkan *et al.*, 2011; Kumar *et al.*, 2011). A redução da percentagem de germinação das sementes, a emergência das plantas, as plântulas anormais, o fraco vigor das plântulas, a redução do crescimento da radícula e da plúmula das plântulas geminadas são os vários impactos causados pelo stress provocado por temperaturas elevadas, que foram relatados por vários trabalhadores em várias espécies de plantas cultivadas (Kumar *et al.*, 2011; Toh *et al.*, 2008). A inibição da germinação de sementes também está bem documentada no stress de temperatura elevada, que ocorre frequentemente através da indução de ABA (Essemine *et al.*, 2010). Cheng *et al.*, 2009 observaram que, em situações de stress a temperaturas muito elevadas (45°C), a taxa de germinação do trigo era estritamente proibida e causava a morte de células e embriões, pelo que a taxa de estabelecimento das plântulas também diminuía. Mitra e Bhatia (2008) referiram que a altura das plantas, o número de perfilhos e a biomassa total foram reduzidos na cultivar de arroz em resposta ao stress provocado por temperaturas elevadas.

Hasan *et al.* (2013) observaram que diferentes genótipos de trigo e suas condições de cultivo interagiram significativamente para influenciar a porcentagem final de germinação da semente subsequente. A temperatura a que as sementes se desenvolveram e amadureceram não influenciou a percentagem de germinação dos genótipos de trigo Kanchan, BL 1022, Pavon 76 e Sonora, ao passo que as sementes de Fang 60 e BAW 1059 obtidas em condições de stress pós-antese a altas temperaturas apresentaram uma percentagem de germinação significativamente inferior à do controlo. Os genótipos de trigo Kanchan, BL 1022, Pavon 76 e Sonora não foram afectados, ao passo que Fang 60 e BAW 1059 apresentaram uma percentagem de germinação inferior no tratamento de stress por temperaturas elevadas durante o desenvolvimento e a maturação das sementes.

Sabe-se que o stress provocado por temperaturas elevadas durante o desenvolvimento e a maturação das sementes afecta a germinação de sementes em várias espécies de plantas (Egli *et al.*, 2005; Grass e Burris 1995a; Keigley e Mullen, 1986). A baixa percentagem de germinação pode ser atribuída a danos nas sementes causados por condições de temperatura elevada durante o desenvolvimento e a maturação das sementes (Grass e Burris 1995a). Grass e Burris (1995a) e Moss e Mullett (1982) registaram uma relação significativa entre os genótipos e as condições de temperatura a que as plantas-mãe estavam sujeitas durante o desenvolvimento e a maturação das sementes para a germinação das sementes de trigo.

A temperatura elevada provoca a perda do teor de água das células, o que reduz o tamanho das células e, em última análise, o crescimento

(Rodriguez *et al.*, 2005; Ashraf e Hafeez, 2004). A redução da taxa de assimilação líquida é também outra razão para a redução da taxa de crescimento relativo sob stress de temperatura elevada, o que foi posteriormente confirmado no milho e no painço (Wahid, 2007) e na cana-de-açúcar (Srivastava *et al.*, 2012). Koini (2009) observou que, no feijão comum, as caraterísticas morfofisiológicas, tais como a fenologia, a repartição, as relações planta-água e o crescimento e extensão dos rebentos, são seriamente prejudicadas pelo stress térmico. Nalgumas espécies de plantas, o crescimento a altas temperaturas (28/29°C) provoca um alongamento notável dos caules e das folhas e uma diminuição da biomassa total (Patel e Franklin, 2009). Kumar *et al.* (2011) relataram que o número reduzido de perfilhos com alongamento de rebentos promovido foi observado em plantas de trigo sob stress de temperatura elevada. No trigo, a área foliar verde e os perfilhos produtivos/planta foram drasticamente reduzidos sob stress térmico (30/25 °C, dia/noite) (Djanaguiraman *et al.*, 2010). A temperatura elevada pode alterar a duração fenológica total, reduzindo o período de crescimento. Os aumentos de temperatura 1-2°C acima do ótimo resultam em períodos de enchimento de grãos mais curtos e afectam negativamente os componentes do rendimento das culturas de cereais (Zhang *et al.*, 2006; Nahar *et al.*, 2010). Yamamoto (2008) observou que, no trigo, a HT (28°C a 30°C) reduziu o período de germinação, os dias até à antese, o arranque e a maturidade, ou seja, a duração total do crescimento.

Sato *et al.* (2006) revelaram que, durante a fase de reprodução, um curto período de stress provocado por temperaturas elevadas pode causar uma diminuição significativa dos botões florais e um aumento do aborto de flores, embora existam grandes variações de sensibilidade dentro e entre espécies e variedades de plantas. Mesmo com o stress térmico nas fases de desenvolvimento reprodutivo, a planta pode não produzir flores ou as flores podem não produzir frutos ou sementes, como observado por Maheswari *et al.* (2012) e Foolad (2005). Edreira e Otegui (2012) observaram que o stress térmico nos períodos de floração, mais especificamente nas fases de pré-silagem e silagem, resultou numa maior redução do rendimento em relação ao stress térmico na fase de enchimento de grãos do milho. O estresse por altas temperaturas resultou em abscisão e aborto de flores, vagens jovens e sementes em desenvolvimento, resultando em menor número de sementes na soja (Tubiello *et al.*, 2007).

Gupta (2013) relatou que o tratamento com alta temperatura a 35°C não teve efeito significativo na eficiência da germinação do genótipo WH 730, enquanto o mesmo foi reduzido no genótipo Raj 4014 após 24 e 48 horas de tratamento térmico. O genótipo WH 730, que era tolerante ao calor na fase de enchimento do grão, tinha rebentos e raízes mais longos do que o Raj 4014 durante o crescimento na fase inicial (13 dias após o tratamento térmico).

Gurpreet Kaur (2000) observou que o crescimento das plântulas de cinco cultivares de trigo, nomeadamente WL 711, WL 1562, HD 2329, PBW 175 e PBW 373, foi sensivelmente reduzido pelo stress térmico prolongado (35°C) e pelo choque térmico (50°C, 3h), embora em graus variáveis. Grass e Burris (1995) relataram que o stress de alta temperatura aos 10 dias após a antese até à maturidade resultou em valores baixos tanto da produção de sementes como dos traços físicos da qualidade das sementes. O efeito da temperatura na germinação de sementes não foi consistente entre as duas cultivares. A temperatura elevada durante o desenvolvimento e a maturidade das sementes não teve efeito na germinação das sementes de Oum-rabia (durum), enquanto que diminuiu a germinação das sementes de Marzak (durum). Em contraste com a germinação das sementes, o vigor das sementes foi afetado negativamente pelo stress térmico. Este declínio no vigor das sementes reflectiu-se na redução do peso seco dos rebentos e das raízes, no aumento da relação rebentos/raízes, na redução do comprimento das raízes, no baixo número de raízes por plântula e na elevada condutividade das sementes.

Hasan *et al.* (2013) relataram que o vigor das plântulas, expresso em peso seco das plântulas, foi influenciado significativamente pelo efeito combinado dos genótipos e da temperatura da planta-mãe. O peso seco das plântulas diminuiu em todos os genótipos de trigo quando os seus progenitores sofreram stress térmico após a antese e a redução foi significativa para todos os genótipos, exceto o BL1022. Com base na magnitude da redução do peso seco das plântulas, verificou-se que os genótipos susceptíveis ao calor (Pavon 76 e Sonora) foram mais afectados (23 a 29%) do que os genótipos tolerantes ao calor (3 a 17%). A diminuição do peso das plântulas com um aumento da temperatura da planta-mãe também foi registada por vários outros trabalhadores, Grass e Burris (1995a) e Sechnyak *et al.* (1985) no trigo, por Keigley e Mullen (1986) e Egli *et al.* (2005) na soja, por Fussel e Pearson (1980) no grão de milho-miúdo e por Steiner e Opoku-Boateng (1991) na semente de alface. A maioria dos estudos anteriores relacionou este declínio do vigor com o tamanho das sementes. No entanto, Siddique e Goodwin (1980) mostraram que o tamanho da semente por si só não explica o efeito negativo da temperatura elevada nas plantas-mãe. Estes autores e Moss e Mullett (1982) referiram que a taxa de secagem e dessecação que afecta a maturação das sementes a altas temperaturas pode afetar o processo de maturação e a obtenção de um elevado vigor das sementes.

2.2 Rendimento de grãos e seus componentes

O stress provocado por temperaturas mais elevadas afecta o rendimento dos grãos principalmente através da afetação dos processos de desenvolvimento fenológico. Isto foi relatado em muitas culturas cultivadas, incluindo cereais (por exemplo, arroz, trigo, cevada, sorgo, milho), leguminosas (por exemplo, grão-de-bico, feijão-frade), culturas oleaginosas (mostarda, canola) e assim por diante por muitos trabalhadores (Zhang *et al.,* 2013; Foolad, 2005; Ahamed *et al.,* 2010; Tubiello *et al.,* 2007; Kalra *et al.,* 2008; Hatfield *et al.,* 2011). Wang *et al.* (2012) observaram que o aumento da temperatura média sazonal de 1°C diminuiu o rendimento de grãos de cereais em 4,1 a 10,0 por cento. As variedades de culturas sensíveis são mais severamente afectadas pelo stress térmico do que as tolerantes. No stress térmico de 35-40°C, o peso de 1000 grãos foi reduzido em 7,0-7,9% na variedade sensível Shuanggui 1 e em 3,4-4,4% na variedade tolerante Huanghuazhan de arroz. A maior redução de rendimento também foi observada na cultivar de arroz sensível ao calor Shuanggui 1 (35,3 a 39,5 por cento) em comparação com a cultivar tolerante ao calor Huanghuazhan (21,7 a 24,5 por cento) (Ahamed *et al.,* 2010). A temperatura nocturna elevada (32°C) diminuiu o comprimento do grão (2%), a largura (2%) e o peso em *O. sativa* e aumentou a esterilidade das espiguetas (61%). Também aumentou a concentração de azoto (N) no grão (44%), que foi inversamente relacionada com o peso do grão. Todos estes factores contribuíram para reduzir o rendimento (90%) (Suwa *et al.*, 2010). Saitoh (2008) referiu que o stress provocado por temperaturas elevadas modifica a massa inicial e a fase de maturação, encurta o período de dessecação do grão e provoca a perda de rendimento do grão de trigo. O stress térmico também reduz o peso de um único grão de trigo e é o principal contribuinte para a perda de rendimento (Kutcher *et al.*, 2010). Em contraste com o momento ótimo, a sementeira tardia mediada pelo stress de alta temperatura (28-30°C) causou uma redução significativa do rendimento em diferentes variedades de trigo, *nomeadamente* Sourav (70), Pradip (58), Sufi (73), Shatabdi (55) e Bijoy (64 por cento) (Yamamoto *et al.*, 2008). No sorgo, devido ao stress provocado por temperaturas elevadas, o peso e o tamanho das sementes foram reduzidos em 53 e 51%, respetivamente, o que acabou por reduzir o rendimento total (Mohammed e Tarpley, 2010). Na canola (*Brassica* spp.), o rendimento das sementes no caule principal foi reduzido em 89%, mas todos os ramos contribuíram para uma perda global de rendimento de 52% a temperaturas elevadas superiores a 30°C. A causa deste declínio de rendimento deveu-se às vagens inférteis induzidas pelo calor, à redução do peso das sementes e das sementes por vagem (Sinsawat, 2004).

A perda de produtividade sob stress de temperatura elevada está principalmente relacionada com a diminuição da capacidade assimilatória (Hay e Porter, 2006), que se deve à redução da fotossíntese por alteração da estabilidade das membranas (Zhang *et al.*, 2006) e ao aumento dos custos de respiração de manutenção (Reynolds *et al.*, 2007), redução da eficiência do uso da radiação (RUE), produção de biomassa por unidade de luz intercetada pela copa). Estas ocorrências foram registadas no trigo

(Cicchino *et al.*, 2010) e no milho (Hogy *et al.*, 2013). A temperatura elevada (33-40°C) no milho afectou negativamente a captação de luz, a RUE, a biomassa e o rendimento de ganho e o índice de colheita, embora o calor na fase de floração tenha resultado numa maior redução do rendimento do que no período de enchimento de grãos (Zhang *et al.*, 2013). A temperatura elevada afecta o desempenho e as caraterísticas de qualidade das culturas. As caraterísticas de qualidade dos grãos de cevada alteraram-se significativamente sob stress térmico (Vasseur *et al.*, 2011).

2.3 Stress oxidativo e enzimas antioxidantes

Várias vias metabólicas dependem de enzimas que são sensíveis a vários graus de temperatura elevada. Observou-se que, à semelhança de outros stresses abióticos, o stress térmico pode desacoplar enzimas e vias metabólicas que provocam a acumulação de espécies reactivas de oxigénio (ERO) indesejadas e nocivas, mais frequentemente oxigénio singlete ($1O_2$), radical superóxido (O_2^-), peróxido de hidrogénio (H O_{22}) e radical hidroxilo (OH-), responsáveis pelo stress oxidativo (Asada, 2006). Soliman *et al.* (2011) referiram que os centros de reação do PSI e do PSII nos cloroplastos são geralmente os principais locais de geração de ROS, embora estas sejam também geradas noutros organelos, nomeadamente peroxissomas e mitocôndrias. Entre os ERO, o O_2^- é formado por reacções de fotooxidação (flavoproteínas, ciclismo redox), através da reação de Mehler nos cloroplastos, durante as reacções da cadeia de transporte de electrões mitocondrial e a foto-respiração glioxisomal, pela NADPH oxidase nas membranas plasmáticas, pela xantina oxidase e pelos polipéptidos das membranas. O radical hidroxilo é formado devido à reação de H O_{22} com O_2^- (reação de Haber-Weiss), reacções de H O_{22} com Fe_2^+ (reação de Fenton) e decomposição de O_3 no espaço apoplástico (Moller *et al.*, 2007; Karuppanapandian *et al.*, 2011).

Ocorrem diferentes danos fisiológicos nas plantas quando expostas a níveis variáveis de stress térmico (Halliwell, 2006). Os radicais hidroxilo podem potencialmente reagir com todas as biomoléculas, como pigmentos, proteínas, lípidos e ácido desoxirribonucleico (ADN), e quase com todos os constituintes das células (Moller *et al.*, 2007; Karuppanapandian *et al.*, 2011). O stress provocado por temperaturas elevadas pode induzir o stress oxidativo através da peroxidação dos lípidos das membranas e da perturbação da estabilidade das membranas celulares por desnaturação das proteínas, tal como referido por Rodriguez *et al.* (2005) e Camejo *et al.* (2006). Foi documentado que a diminuição funcional da reação fotossintética à luz, mesmo sob stress moderado a altas temperaturas, induz stress oxidativo através da produção de ROS causada pelo aumento da fuga de electrões da membrana tilacoide no cloroplasto (Halliwell, 2006; Bavita *et al.*, 2012). Hurkman *et al.* (2009) observaram que a temperatura elevada aumentou a temperatura das folhas, o que reduziu as actividades das enzimas antioxidantes e aumentou o teor de malondialdeído (MDA) nas folhas de arroz. Observou-se que o stress oxidativo induzido por temperaturas elevadas (33°C) danificava as propriedades das membranas, a degradação das proteínas e a desativação de enzimas no trigo, reduzindo a viabilidade celular. Este stress oxidativo induzido também aumentou significativamente a peroxidação da membrana e reduziu a termoestabilidade da membrana em 28 e 54%, o que, surpreendentemente, aumentou a fuga de electrólitos no trigo (Savicka e Skute, 2010). O stress a altas temperaturas induz a peroxidação lipídica da membrana e o aumento da lesão da membrana também foi observado em algodão, sorgo e soja por Mohammed e Tarpley (2010), Tan *et al.* (2011) e Young *et al.* (2004). Mohammed e Tarpley (2010) referiram que, no sorgo, em relação ao controlo, o stress provocado por temperaturas elevadas (40/30 °C, dia/noite) aumentou os danos nas membranas e o teor de MDA em 110 e 75 por cento, respetivamente, o que foi acompanhado por um aumento do teor de H O_{22} e O_2 - (124 e 43 por cento, respetivamente). No trigo, 2 dias de exposição ao calor resultaram na inibição do crescimento da raiz, o que foi correlacionado com um forte stress oxidativo, como evidenciado por um aumento significativo (68%) da produção de O_2 - nas células da raiz (Miller *et al.*, 2009).

Hui *et al.* (2007) nos seus estudos referiram que, sob tratamento a altas temperaturas (34/22°C), as actividades da superóxido dismutase e da catalase aumentaram acentuadamente no dia 14 após a antese. Almeselmani *et al.* (2006) relataram que houve um aumento significativo na atividade da superóxido dismutase (SOD), ascorbato peroxidase (APX) e catalase (CAT) nas plantações tardias e muito tardias e em todas as fases de crescimento da planta, ou seja, vegetativa, antese, 15 dias após a antese, no entanto, a glutationa redutase (GR) e a atividade da peroxidase (POX) diminuíram nas plantações tardias e muito tardias em comparação com a plantação normal. Em geral, as plantas tolerantes ao calor (HD 2815, HDR 77) apresentaram uma atividade SOD, APX, GR, CAT e POX relativamente mais elevada nas plantações tardias do que as plantas susceptíveis (PBW 343, PBW 175 e HD 2865). Foi observada uma redução significativa do teor de clorofila e um aumento do índice de lesão da membrana em todos os genótipos com a idade, bem como em sementeiras tardias e muito tardias em todas as fases de crescimento das plantas. Também referiram que o HD 2815 e o HDR 77, que apresentaram a atividade mais elevada de várias enzimas antioxidantes em sementeiras tardias e muito tardias, também apresentaram uma redução mínima do teor de clorofila e um índice de lesão da membrana mais baixo, indicando a melhoria do stress oxidativo induzido pelo stress de temperaturas elevadas através de enzimas antioxidantes.

Islam *et al.* (2013) relataram que os genótipos são significativamente influenciados pelas datas de sementeira para o rendimento de grãos. Alguns genótipos obtiveram maior peso de 1000 grãos do que os controlos em condições de sementeira óptimas e tardias. Os dados de campo sugerem que as perdas de rendimento podem ser da ordem dos 190 kg/ha por cada aumento de um grau na temperatura média e, em algumas situações, têm um efeito mais grave na perda de rendimento do que a disponibilidade de água (Kuchel *et al.,* 2007; Bennett *et al.,* 2012).

Islam *et al.* (2013) também referiram que os genótipos de trigo foram comparativamente mais precoces no encabeçamento do que todos os controlos em condições de sementeira óptima e tardia. A diminuição da duração do ciclo de vida da cultura com o atraso da data de sementeira e a coincidência do stress térmico terminal no período de enchimento do grão provocaram um rendimento biológico inferior. Este efeito da sementeira tardia também foi registado por Rane *et al.* (2007).

Islam *et al.* (2013) relataram que os genótipos foram significativamente influenciados pelas datas de sementeira para a altura da planta. Os genótipos apresentaram uma altura significativamente mais baixa do que todos os controlos em condições de sementeira tardia. Concluiu também que os genótipos foram significativamente influenciados pelas datas de sementeira para grãos/espiga, peso de 1000 grãos e rendimento. O maior número de grãos/espigas em datas de sementeira óptimas foi registado no genótipo E-61, enquanto que em condições de sementeira tardia o E-64 produziu o maior número de grãos/espigas. Gibson e Paulsen (1999) observaram que a redução do rendimento do trigo sob temperaturas elevadas está associada a um menor número de grãos/espiga e a um tamanho de grão mais pequeno.

2.4 Avaliação da capacidade de armazenamento relativa após a sementeira em ambiente normal e de stress térmico

O teste de envelhecimento acelerado (AA) foi inicialmente desenvolvido para medir a capacidade relativa de armazenamento das sementes (Delouche e Baskin, 1973) e mais tarde melhorado e avaliado como indicador do vigor das sementes numa vasta gama de espécies (Hampton e Tekrony, 1995). As percentagens de germinação após o envelhecimento acelerado foram correlacionadas com o vigor do lote e com a capacidade de ter um bom desempenho em condições de campo (AOSA, 1983). Dahiya *et al.* (1994) verificaram que a capacidade de armazenamento das sementes, o estabelecimento das plântulas e outros parâmetros de qualidade podiam ser previstos pelo teste de envelhecimento acelerado do grão-de-bico. Basra *et al.* (2003) verificaram que o nível de vigor, o tempo médio de emergência e os parâmetros de qualidade podiam ser previstos pelo teste AA no algodão. Silva *et al.* (2006) mostraram que o teste AA era comummente utilizado para determinar o potencial fisiológico de diferentes lotes de sementes de beterraba e que apresentava uma boa relação com a emergência das plântulas no campo. O potencial de emergência das plântulas em condições de stress no campo, a capacidade de armazenamento e a longevidade, o vigor e outros parâmetros de qualidade podem ser previstos pelo teste AA na couve (Komba *et al.*, 2006).

O teste de condutividade tem sido utilizado para medir a viabilidade das sementes (Presley, 1958) e, mais tarde, foi transformado num teste de vigor para prever a emergência no campo da ervilha de jardim enrugada (Mathews e Brandnock, 1968), uma vez que a estrutura deficiente da membrana e as células com fugas estão normalmente associadas à deterioração das sementes e a um baixo vigor. Pallavi *et al.* (2003) observaram que os lixiviados das sementes aumentavam com o aumento do período de armazenamento do girassol. O aumento dos lixiviados das sementes devido ao envelhecimento mostrou uma correlação significativa com a germinação e o vigor da grama-preta (Vanniarajan *et al.*, 2004). Kumar *et al.* (2010) também relataram a metodologia para avaliar a capacidade de armazenamento relativa com a ajuda da AA e do teste de condutividade eléctrica em guar.

Capítulo III

O presente estudo, intitulado **"Avaliação dos parâmetros de vigor das sementes para a tolerância ao calor no trigo panificável"**, foi realizado em 2012-14 nos laboratórios e na exploração de investigação do Departamento de Ciência e Tecnologia das Sementes, C.C.S. Haryana Agricultural University, Hisar. Os pormenores dos materiais e métodos utilizados no presente estudo são os seguintes

3.1 Condições climatéricas

Os dados meteorológicos foram obtidos no departamento de agrometeorologia, CCS Haryana Agricultural University, Hisar, situado a 29° de latitude 10′ N, 73° 43′ de longitude E e a uma altitude de 210 m acima do nível médio do mar. Foram registados dados meteorológicos sobre a temperatura ($^\circ$ C), a humidade relativa (%), a precipitação (mm) e a insolação (hora) durante a fase reprodutiva, nas fases de enchimento do grão e de desenvolvimento, em ambos os anos, e apresentados nas figuras 1 e 2.

3.2 Material experimental

As sementes de doze genótipos (6 grupos tolerantes ao calor e 6 grupos susceptíveis, como indicado abaixo) foram recolhidas do criador sénior de trigo, secção de trigo e cevada, departamento de genética e melhoramento de plantas CCS Haryana Agricultural University Hisar em 2011-12.

Variedades tolerantes ao calor (HT)	Variedades susceptíveis ao calor (HS)
WH 1080	WH 147
WH 1021	WH 711
WH 1100	DBW 17
PBW 373	PBW 343
PBW 590	PBW 621
Raj 3765	HD 2967

3.3 Estudos do vigor das sementes durante a fase de enchimento do grão em condições de campo

Todas as variedades foram cultivadas no campo com as práticas culturais recomendadas. Em cada ano, a sementeira foi efectuada em duas épocas, ou seja, sementeira normal (20-25 de novembro) e sementeira tardia (20-25 de dezembro). Cada variedade foi colocada numa parcela de 5x2m.

As observações foram registadas em diferentes estádios de enchimento do grão (da cabeça à maturidade). As amostras de cada genótipo foram colhidas com um intervalo de uma semana e as observações seguintes foram registadas no laboratório.

3.3.1 100-Peso da semente (g)

As amostras de cada variedade foram retiradas do campo na fase/intervalo necessário durante o desenvolvimento e a maturação das sementes. De cada vez, o peso fresco de 100 sementes (repetido três vezes) foi registado e expresso em gramas.

3.3.2 Teor de humidade das sementes (SMC, %)

O teor de humidade das sementes frescas de cada variedade, em cada momento de amostragem, foi registado pelo método da estufa de ar quente ($80\pm1°C$ durante 24 horas) e expresso em percentagem.

3.3.3 Dias até à colheita (dias após a sementeira)

Os dias até à colheita após a amostragem de todas as variedades foram registados quando a espiga (cabeça da espiga) emergiu completamente da folha bandeira/botão.

3.3.4 Dias até à maturidade fisiológica (PM, dias após a sementeira)

O PM, estádio de pleno desenvolvimento, foi avaliado através do cálculo do peso fresco das sementes, do teor de humidade das sementes, da germinação e do potencial de vigor de cada variedade.

3.3.5 Dias até à maturidade da colheita (HM, dias após a sementeira)

Os dias para a maturidade da colheita para todas as variedades foram registados quando o teor de humidade das sementes foi atingido abaixo dos 15% após a maturidade fisiológica.

3.3.6 Germinação padrão (SG, %)

De cada amostra, quatro repetições de 50 sementes para cada variedade foram colocadas para germinação usando o método padrão (BP, 20°C) no germinador de sementes (ISTA, 1999). As plântulas normais foram expressas como percentagem de germinação.

3.3.7 Comprimento da plântula (SL, cm)

Na contagem final, o comprimento (raiz + rebento) de dez plântulas normais selecionadas ao acaso foi registado e o comprimento médio das plântulas foi expresso em centímetros.

3.3.8 Peso seco das plântulas (SDW, mg)

Após a germinação, no dia da contagem final, as dez plântulas normais tomadas ao acaso, cujo comprimento foi medido, foram secas numa estufa de ar quente durante 24 horas a $80\pm1°$ C. As plântulas secas de cada repetição foram pesadas e o peso médio seco das plântulas de cada variedade foi calculado e expresso em miligramas.

3.3.9 Índice de vigor -I (VI-I)

O índice de vigor-I foi calculado pelo método sugerido por Abdul-Baki e Anderson (1973) da seguinte forma:

Índice de Vigor-I = Germinação padrão (%) × comprimento médio das plântulas (cm)

3.3.10 Índice de Vigor-II (VI-II)

O índice de vigor-II foi calculado pelo método sugerido por Abdul-Baki e Anderson (1973), como indicado a seguir:

Índice de vigor-II=Germinação padrão (%) × peso seco médio das plântulas (mg)

3.3.11 Ensaio de termoestabilidade da membrana (MT, µS/cm/folha)

As estacas (6 a 8 cm) de cada variedade foram obtidas de plantas em fase de antese e foram avaliadas quanto à MT seguindo os procedimentos descritos por Martineau *et al.,* 1979, com pequenas modificações.

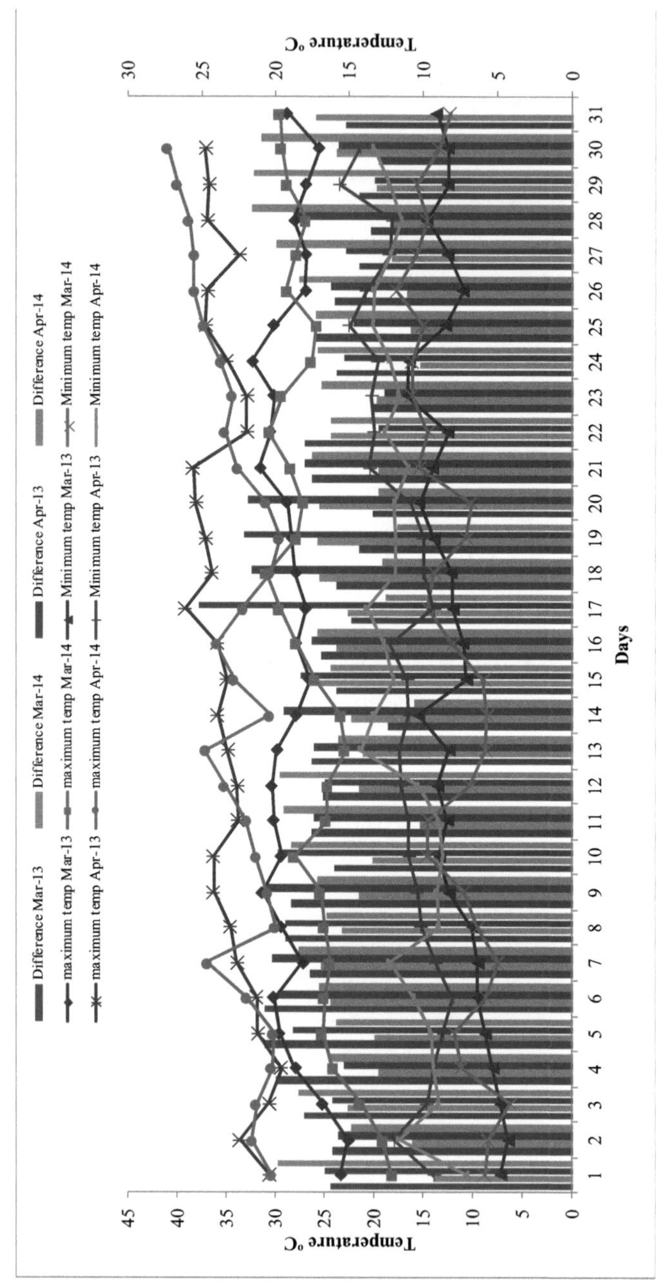

Figura 1: Dados agro-meteorológicos durante o período de desenvolvimento e maturação das sementes, numa base diária, para os meses de março e abril de 2012-13 e 2013-14

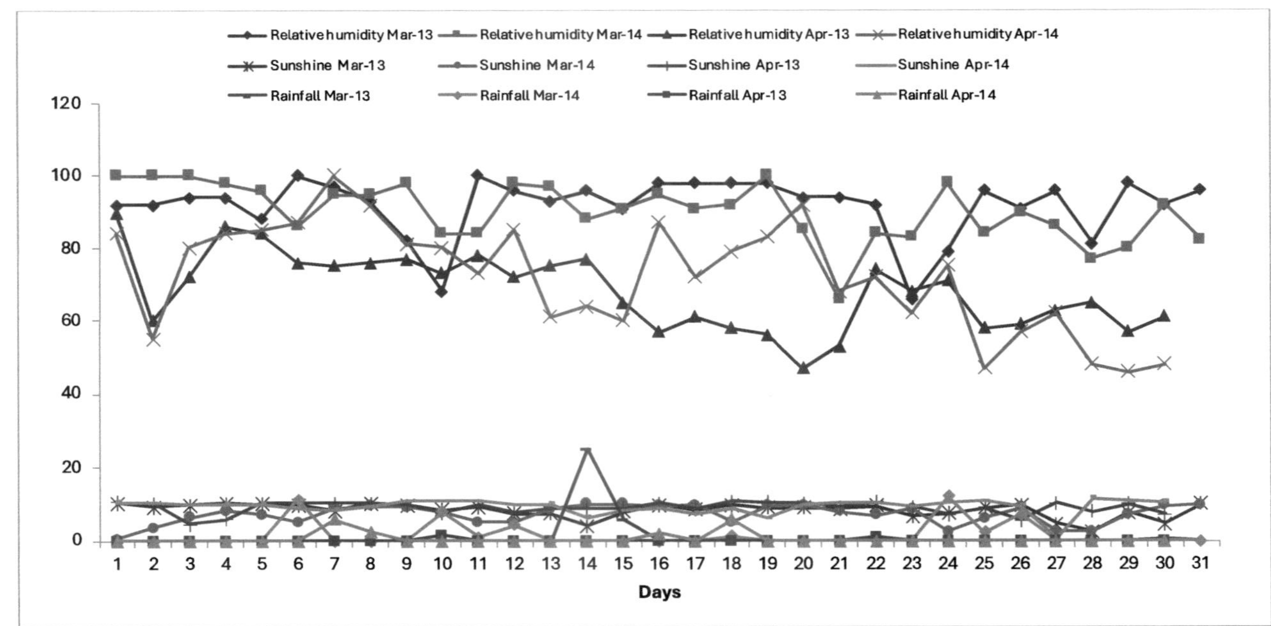

Figura 2: Dados agro-meteorológicos durante o período de desenvolvimento e maturação das sementes, numa base diária, para os meses de março e abril de 2012-13 e 2013-14

Uma amostra para ensaio consistiu num conjunto emparelhado (25º C de controlo e outro tratamento) de cinco amostras de folhas de 9 mm de diâmetro (53,7 ± 0,9 mg de peso fresco) cortadas de um grupo de cinco folhas recentemente expandidas com uma broca de cortiça. Antes do ensaio, o conjunto emparelhado de discos de folhas foi colocado em tubos de ensaio separados de 75 mL e lavado cuidadosamente com três mudanças rápidas de água destilada.

Os discos de folhas foram então colocados em tubos de ensaio de 25×150 mm contendo 1 ml de água destilada para evitar stress hídrico secundário. Três tubos por tratamento foram colocados num banho de água aquecida durante 30 minutos a uma temperatura de 50º C, enquanto os tubos de ensaio de controlo foram mantidos a 25º C durante o mesmo período. Após a exposição a temperaturas elevadas, foi adicionada água destilada (15 mL) a cada tubo. Em seguida, a condutividade da solução foi medida com um medidor de condutividade. Os tubos foram então tapados com papel de alumínio, autoclavados (121 ºC, 1,2 kg/cm^2) durante 15 minutos, arrefecidos a 25 ºC e incubados durante mais 24 horas antes de se efectuarem as medições finais da condutividade.

3.3.12 Ensaio de fluorescência da clorofila

A fluorescência da clorofila da folha bandeira na altura da antese foi registada com a ajuda do fluorómetro de clorofila.

3.3.13 Ensaio de atividade enzimática

(a) Atividade da catalase (mg de proteína^{-1} min)$^{-1}$

Para a extração da enzima catalase, as sementes de cada genótipo foram embebidas em água a 30º C no germinador durante 24 horas. Duzentos miligramas de amostra de sementes imbibidas foram triturados num almofariz de pilão refrigerado, adicionando 10 ml de tampão fosfato (pH 7,8) e uma pitada de areia de corning. O homogenato de 10 ml foi centrifugado a 12000 rpm durante 20 minutos a 4° C. O sobrenadante obtido foi depois centrifugado novamente a 15000 rpm durante 10 minutos. O sobrenadante límpido, assim obtido, foi utilizado para estimar a atividade da catalase.

A atividade da catalase foi avaliada pelo método descrito por Aebi (1983) com pequenas modificações baseadas na redução do dicromato de potássio a acetato crómico por peróxido de hidrogénio.

Reagentes:

0.1M peróxido de hidrogénio (H_2O_2)

0.1M de tampão fosfato (pH 7,0)

O reagente dicromato-ácido acético (dicromato de potássio a 5% + ácido acético glacial na proporção de 1:3), 0,5 ml de H_2O_2 e 1,0 ml de tampão fosfato (pH 7,0) foram adicionados a 0,5 ml de extrato enzimático num tubo de ensaio de boca lateral. Misturou-se rapidamente e incubou-se a 37° C durante 5 minutos. Em seguida, retiraram-se os tubos de ensaio e adicionaram-se 4 ml de reagente de dicromato-ácido acético. Em seguida, os tubos foram aquecidos durante 10 minutos num banho de água a ferver. A cor, que mudou para verde devido à formação de acetato crómico após o arrefecimento, foi medida pelo Systronic Spectrophotometer 169 a 570 nm. A atividade da catalase foi expressa da seguinte forma A quantidade de enzima necessária para provocar uma alteração da absorvância de 0,01 por minuto.

(b) Atividade da desidrogenase $(O\ D\ g^{-1}\ ml)^{-1}$

O teste DHA foi efectuado de acordo com Kittock e Law (1968). Um grama de sementes de cada lote replicado três vezes foi moído para passar por uma peneira de 20 mesh. A farinha de 200 mg foi embebida em 5 ml de solução de tetrazólio a 0,5% a 38 C° durante 3 horas. Em seguida, foi centrifugada a 10000 rpm durante 3 minutos e o sobrenadante foi vertido. O formazan foi extraído com 10 ml de acetona durante 16 horas, seguido de centrifugação, e a absorvância da solução foi determinada pelo espetrofotómetro Systronic 169 a 480 nm. Estas observações foram expressas como alteração de O D g^{-1} ml^{-1} .

(c) Atividade da enzima peroxidase (mg de proteína^{-1} min)$^{-1}$

Para a extração da enzima peroxidase, as sementes de cada genótipo foram embebidas em água a 30° C no germinador durante 24 horas. Duzentos miligramas de amostra de sementes imbibidas foram triturados num almofariz de pilão refrigerado, adicionando 10 ml de tampão fosfato (pH 7,8) e uma pitada de areia de corning. O homogenato de 10 ml foi centrifugado a 12000 rpm durante 20 minutos a 4° C. O sobrenadante obtido foi novamente centrifugado a 15000 rpm durante 10 minutos. O sobrenadante límpido assim obtido foi utilizado para estimar a atividade da peroxidase. A atividade da peroxidase foi determinada pelo método de Shannon *et al.* (1966), após oxidação da O-dianisidina na presença de peróxido de hidrogénio ($H O_{22}$).

Reagentes:

0.2   M de tampão de acetato de sódio (pH 4,5)

0.3   M peróxido de hidrogénio ($H O$)$_{22}$

10 mg de O-dianisidina dissolvidos em 2 ml de metanol

Foram adicionados 2 ml de tampão acetato (pH 4,5) e 0,1 ml de solução de O-dianisidina a 0,05 ml de extrato enzimático. Em seguida, adicionou-se também 0,1 ml de peróxido de hidrogénio 0,2 M para iniciar a reação. A leitura foi efectuada no comprimento de onda de 470 nm após cada 15 segundos durante 1 minuto e a unidade de enzima foi expressa como: A quantidade de enzima necessária para provocar uma alteração na absorvância de 0,01 por minuto.

(d) Superóxido dismutase (SOD, µmols/min/g)

O ensaio da superóxido dismutase foi efectuado medindo a sua capacidade de inibir a redução fotoquímica do NBT, de acordo com Giannopolitis e Ries, 1977, com algumas modificações.

Reagentes

(i) 50µM de riboflavina

(ii) 13 mm de metionina

(iii) 80µM de nitroblue tetrazolium (NBT)

(iv) EDTA 0,1 mM

A mistura de reação continha 0, 10, 20, 30 e 40 µl de extração de enzimas em conjuntos separados e a estes foram adicionados 0,25 ml de cada metionina, NBT e EDTA e o volume total de 3,0 ml foi feito com tampão em cada conjunto. Em seguida, adicionou-se 0,25 ml de riboflavina a cada conjunto, no último. Os tubos foram agitados e colocados a 30 cm de distância da fonte de luz constituída por duas lâmpadas fluorescentes de 15W. Deixou-se a reação decorrer durante 20 minutos e a reação foi interrompida desligando a luz. Após o fim da reação, os tubos foram cobertos com um pano preto para os proteger da luz. Uma mistura de reação não irradiada, que não desenvolveu cor, serviu de branco. A mistura de reação sem extrato enzimático desenvolveu a cor máxima e a sua absorvância diminuiu com o aumento do volume do extrato. A absorvância foi registada a 560 nm. No entanto, na presença de SOD, a reação foi inibida e a quantidade de inibição foi utilizada para quantificar a enzima.

O log A560 foi representado em função do volume de extrato de enzima utilizado na mistura de reação. A partir do gráfico resultante, o volume de extrato de enzima correspondente a 50% de inibição da reação fotoquímica foi obtido e considerado como uma unidade de enzima.

3.4 Rendimento de grãos e seus componentes

Para registar os dados sobre os caracteres agronómicos, todas as variedades foram cultivadas num sistema de blocos aleatórios (RBD). Cada variedade foi colocada numa parcela de 5x0,7m replicada três vezes. As observações sobre os seguintes caracteres foram registadas na altura da colheita.

3.4.1 Altura da planta (PH, cm)

A altura de cada planta foi medida em centímetros, desde o nível do solo até ao topo da planta.

3.4.2 Número de grãos/espigas

Foram recolhidas espigas de cada variedade na parcela replicada e estas foram utilizadas para calcular o número de grãos/espigas.

3.4.3 Número de picos/m.

O número de espigas/m foi obtido após a contagem do número total de espigas em um metro de comprimento de linha na parcela replicada.

3.4.4 Número de grãos/espiga (média de cinco plantas)

Foram selecionadas aleatoriamente cinco espigas de cada variedade da parcela replicada e foi calculada a média destas para calcular o número de grãos/espigas.

3.4.5 Rendimento de grãos/planta (g)

Cada planta na maturidade foi debulhada separadamente e o seu rendimento em grãos (g).

3.4.6 Índice de colheita por planta

A planta individual foi debulhada e a produção de sementes e a produção biológica (incluindo o peso das sementes e dos rebentos) foram pesadas. Em seguida, o índice de colheita foi calculado com base na seguinte fórmula

Índice de colheita=Rendimento de grãos/Rendimento biológico

3.5 Avaliação da capacidade de armazenamento relativa dos genótipos

Uma quantidade suficiente (cerca de um kg) de sementes recém-colhidas de todas as doze variedades foi armazenada num saco de pano em condições ambientais. A capacidade relativa de armazenamento foi avaliada trimestralmente com a ajuda dos seguintes testes até que a germinação descesse abaixo do Indian Minimum Seed Certification Standard (IMSCS).

3.5.1 Ensaio de envelhecimento acelerado (AA, %)

Foi colhido um número suficiente de sementes de cada variedade, numa única camada, e espalhadas num tabuleiro de rede metálica colocado em caixas de plástico com 20 ml de água destilada. As caixas foram colocadas na câmara de envelhecimento depois de fechadas as tampas. As sementes foram envelhecidas a uma temperatura de $40\pm1°$ C e cerca de

100 por cento de HR durante 72 horas e testadas quanto à germinação em quatro repetições de 100 sementes para cada genótipo, de acordo com as regras da ISTA, 1999. O número de plântulas normais foi contado no dia 7th e expresso em percentagem.

3.5.2 Condutividade eléctrica (µS/cm/50 sementes)

A condutividade eléctrica dos lixiviados de sementes foi medida para conhecer o estado da permeabilidade da membrana. Foram retiradas ao acaso 50 sementes normais e não danificadas (repetidas três vezes) de cada lote de sementes e mergulhadas em copos de 100 ml contendo cada um 75 ml de água destilada. As sementes foram completamente imersas em água e os copos foram cobertos com folha de alumínio. Em seguida, estas amostras foram mantidas no germinador a 25°C durante 24 horas. A condutividade eléctrica dos lixiviados de sementes foi medida com um medidor de condutividade (ISTA, 1999). A condutividade foi expressa em µS/cm/50 sementes.

3.6 Análise estatística

3.6.1 O valor médio das observações registadas em diferentes parâmetros foi submetido a uma análise estatística e gráfica. O fatorial CRD (Completely Randomized Design) para os parâmetros laboratoriais e RBD (Randomized Block Design) para os parâmetros de campo foi utilizado para a análise de variância (Panse e Sukhatme, 1967). A ANOVA para RBD é apresentada a seguir.

ANOVA para RBD

Fonte de variação	Grau de liberdade (DF)	Soma de quadrados (SS)	Quadrados médios (MS)	Valor F

Replicações	(r-1)	SSr	MSr	MSr/EMS
Tratamentos	(t-1)	SSt	MSt	MSt/EMS
Erro	(r-1)(t-1)	SSe	MSe (EMS)	
Total	(rt-1)	Total SS		

Onde,

r   : Número de replicações
t   : Número de combinações de tratamento
SSt : Soma de quadrados devido a tratamentos
SSe : Soma de quadrados do erro
MSt : Quadrados médios devidos aos tratamentos
EMS : Erro dos quadrados médios (MSe)

O erro padrão das diferenças (SEd), o erro padrão das médias (SEm), a diferença crítica (CD) e o coeficiente de variação (CV) foram calculados do seguinte modo

$$SE(m) = \sqrt{\frac{EMS}{r}}$$

$$SE(d) = \sqrt{\frac{2 \times EMS}{r}}$$

CD (5%): SEd x valor t no erro d.f.

CV (%): $\dfrac{\sqrt{EMS}}{\overline{X}} x100$

Onde, r = número de réplicas; $\overline{X}$ = média global (total geral /n)

Os coeficientes de correlação entre as várias condições climatéricas, o vigor, as enzimas e o rendimento e os seus parâmetros componentes foram calculados de acordo com as fórmulas padrão a seguir indicadas:

$$r = \frac{Cov(x,y)}{\text{----------}}$$

$$\sigma_x . \sigma_y$$

Onde,

r   =Coeficiente de correlação

Cov(x,y) =Covariância   entre os caracteres x e y

σ_x =Desvio-padrão do carácter x

σ_y =Desvio-padrão do carácter y

3.6.2 *Teste* t independente de duas amostras

Para comparar as médias de seis variedades tolerantes e susceptíveis ao calor, foi utilizado *o teste t* independente de duas amostras com tamanhos de amostra iguais e variância igual (assumida). A estatística *t* para testar se as médias são diferentes pode ser calculada da seguinte forma

$$t = \frac{\bar{X}_1 - \bar{X}_2}{s_{X_1 X_2} \cdot \sqrt{\frac{2}{n}}}$$

Onde

$$s_{X_1 X_2} = \sqrt{\frac{1}{2}\left(s_{X_1}^2 + s_{X_2}^2\right)}$$

Aqui $s_{X_1 X_2}$ é o desvio padrão geral (ou desvio padrão agrupado), 1 = grupo um, 2 = grupo dois. $s_{X_1}^2$ e $s_{X_2}^2$ são os estimadores não enviesados das variâncias das duas amostras. O denominador de *t* é o erro padrão da diferença entre duas médias. Para testes de significância, os graus de liberdade para este teste são *2n - 2*, em que *n* é o número de participantes em cada grupo.

Capítulo IV

RESULTADOS EXPERIMENTAIS

A plantação de sementes de alta qualidade é uma componente essencial de todos os sistemas de cultivo no mundo. É necessária uma elevada qualidade das sementes para garantir populações adequadas de plantas, com taxas de sementeira razoáveis, numa série de condições de campo. A qualidade das sementes no momento da plantação representa os efeitos integrados do ambiente e das variedades durante a produção de sementes e o ambiente e a gestão a que as sementes foram expostas durante a colheita, o processamento e o armazenamento. Muitas variações na qualidade das sementes têm sido atribuídas a diferenças nas condições ambientais prevalecentes durante o desenvolvimento e maturação das sementes enquanto ainda estão na planta-mãe (Datta *et al.*, 1972; Peacock e Hawkins 1970). As condições ambientais desfavoráveis (temperatura elevada, diferença entre as temperaturas diurna e nocturna, precipitação, humidade relativa e brilho do sol) durante o desenvolvimento e a maturação das sementes no campo podem reduzir a qualidade das sementes.

Muitas evidências mostraram que a exposição consistente da planta-mãe a temperaturas elevadas afecta a qualidade da semente produzida. O stress provocado por temperaturas elevadas após a antese afecta negativamente o desenvolvimento do grão de trigo (Hasan e Ahmed 2005; Tashiro e Wardlaw 1990). O stress provocado por temperaturas elevadas acelera a taxa de desenvolvimento inicial da semente, mas encurta o período de crescimento da semente (Hasan e Ahmed, 2005; Sofield *et al.*, 1977). Como conseqüência, sementes menores e encolhidas são produzidas em altas temperaturas. Outras propriedades físicas da semente, incluindo o tamanho da semente, o revestimento da semente e a aparência final da semente, também são afectadas pela temperatura elevada de crescimento (Tashiro e Wardlaw, 1990). O efeito do stress térmico no rendimento e nos seus componentes no trigo está bem documentado, mas a qualidade da semente não foi frequentemente considerada muito importante nestes estudos. Por conseguinte, o presente estudo foi planeado para examinar o efeito da temperatura elevada e de outros factores ambientais durante o desenvolvimento e a maturação das sementes na qualidade das sementes de trigo, com os seguintes objectivos

❖ Avaliar genótipos de trigo quanto ao potencial de vigor das sementes e à tolerância ao calor durante a fase de enchimento dos grãos.

❖ Determinar a relação entre os factores climáticos, os parâmetros de vigor das sementes e a componente de rendimento.

❖ Estudar o efeito do stress térmico na capacidade de armazenamento das sementes.

Os resultados obtidos em diferentes experiências são discutidos a seguir

4.1. Experiência 1. Estudos do vigor das sementes durante a fase de enchimento do grão em condições de campo

4.1.1 100-Peso da semente (g)

O peso das sementes é um parâmetro de qualidade importante. Está também associado ao vigor de um lote de sementes. O peso médio de 100 sementes (g) de diferentes variedades de trigo, tolerantes e susceptíveis ao calor, em datas de amostragem colhidas em diferentes momentos do DAA, é apresentado nos quadros 1 e 2.

Sob sementeira normal no primeiro ano, o peso das sementes (g) de Raj 3765 (1.22, 2.28g), WH 1080 (3.56g), Raj 3765 (4.09g), WH 1080 (4.82, 4.56g) entre as tolerantes, enquanto que entre as susceptíveis PBW 343 (0.98g), DBW 17 (1.92g), HD 2967 (2.88g), PBW 621(3.85g), DBW

17 (4.64g), HD 2967 (4.35g) atingiram o maior peso em diferentes estágios de 10, 17, 24, 31, 38 e 45 DAA respetivamente (Tabela 1). Entre as tolerantes PBW 590 (0.87), WH 1100 (1.55), WH 1021 (2.85), PBW 373 (3.75), WH 1021 (4.69, 4.22) e PBW 621 (0.38), WH 147 (0.71), WH 711 (2.16, 3.41), HD 2967 (4.05) e PBW 621 (3.88) entre as susceptíveis foram registados os menores pesos de sementes em diferentes estágios de DAA. Sob semeadura tardia, WH 1021 (0,99), PBW 373 (1,65), Raj 3765, (3,26, 3,99), WH 1080 (4,7), Raj 3765 (4,35) foram registradas como as mais altas entre as tolerantes, enquanto que entre as suscetíveis PBW 343 (0,81, 1,22), PBW 621 (2,66, 3,48), DBW 17 (4,45), HD 2967 (4,21) foram as mais altas em diferentes estágios do DAA. Entre os tolerantes, PBW 590 (0.55), WH 1100 (1.20), WH 1021 (2.57), WH 1080 (3.41), PBW 590 (4.48) e WH 1080 (4.12) e WH 147 (0.23, 0.66, 1.85), DBW 17(3.02), HD 2967 (3.78), DBW 17 (3.72) entre os susceptíveis atingiram os valores mais baixos em diferentes estágios do DAA.

No segundo ano, sob semeadura normal, Raj 3765 (1.11, 2.45, 3.54), WH 1100 (4.51) WH 1080 (4.92) e Raj 3765 (4.64) entre as tolerantes, enquanto que, entre as suscetíveis HD 2967 (0.76, 1.67), PBW 621 (3.14), WH 711 (3.9, 4.66) e WH 147 (4.36) foram registradas com maior peso de sementes (g) do que outras em diferentes estágios do DAA (Tabela 2). Entre as tolerantes, o peso foi mais baixo para as variedades WH 1021 (0,77, 1,47), PBW 373 (2,78), Raj 3765 (3,98), WH 1100 (4,76, 4,47) e entre as suscetíveis PBW 343 (0,42), WH 147 (1,32), HD 2967 (2,55), DBW 17 (3,67), PBW 621 (4,53) e DBW 17 (4,12) em diferentes estágios do DAA. Sob semeadura tardia, as variedades Raj 3765 (1.0, 2.16, 3.24), WH 1100 (3.90), WH 1080 (4.8) e Raj 3765 (4.60) entre as tolerantes, enquanto que, entre as suscetíveis HD 2967 (1.44), DBW 17 (2.79), PBW 621 (3.67), WH 711 (4.46, 4.25) foram registradas mais altas em diferentes estágios do DAA. Entre as tolerantes, as variedades WH 1021 (0,56, 1,27), PBW 373 (2,54) WH 1080 (3,62) e WH 1100 (4,52, 4,21), enquanto que, entre as suscetíveis, as variedades WH 711 (0,23), PBW 621 (1,16), HD 2967, WH 711 (2,45), WH 147 (3,11), HD 2967 (4,15, 4,00) tiveram o menor valor para o peso das sementes em diferentes estágios do DAA.

O peso da semente foi encontrado aumentando com a progressão do desenvolvimento da semente e estágios de maturação. Foi mais alto no estágio de maturidade fisiológica (PM) e depois diminuiu ainda mais. Nesta fase WH 1080 (4.82, 4.70, 4.92, 4.80) teve o maior peso de semente entre os tolerantes em ambas as condições de semeadura no primeiro e segundo ano. Entre os suscetíveis, DBW 17 (4.64, 4.45) e WH 711 (4.66, 4.46) tiveram o maior peso de sementes em ambas as épocas de semeadura no primeiro e segundo ano, respetivamente.

Tabela 1. Peso de 100 sementes (g) de diferentes variedades de trigo tolerantes e susceptíveis ao calor em sementeira normal e tardia no primeiro ano (Rabi 2012-13)

	Época de → sementeira	Semeadura normal (E1)							Semeadura tardia (E2)						
	DAA/Varie dades	10	17	24	31	38	45	Meios de FC	10	17	24	31	38	45	Meios de FC
HT	**Raj 3765**	1.22	2.28	3.55	4.09	4.71	4.52		0.84	1.22	3.26	3.99	4.55	4.35	
	PBW-590	0.87	1.83	3.42	4.03	4.74	4.41		0.55	1.26	2.97	3.74	4.48	4.28	
	WH-1080	0.98	1.88	3.56	4.01	**4.82**	4.56		0.87	1.52	2.84	3.41	**4.70**	4.12	
	PBW-373	0.94	1.75	3.00	3.75	4.73	4.37		0.84	1.65	2.85	3.86	4.61	4.22	
	WH-1100	0.95	1.55	2.91	4.00	4.70	4.38		0.69	1.20	2.91	3.90	4.66	4.23	
	WH-1021	1.11	1.75	2.85	3.88	4.69	4.22		0.99	1.44	2.57	3.50	4.51	4.28	
HS	**PBW-343**	0.98	1.32	2.79	3.69	4.42	4.25		0.81	1.22	2.55	3.20	4.28	4.18	
	PBW-621	0.38	1.28	2.75	3.85	4.12	3.88		0.32	0.75	2.65	3.48	4.12	3.88	
	DBW-17	0.76	1.92	2.79	3.78	**4.64**	4.00		0.56	0.82	2.65	3.02	**4.45**	3.72	
	WH-147	0.44	0.71	2.24	3.54	4.23	3.98		0.23	0.66	1.85	3.31	4.12	3.95	
	HD-2967	0.56	0.91	2.88	3.66	4.05	4.35		0.48	0.79	2.54	3.28	3.78	4.21	
	WH-711	0.55	1.11	2.16	3.41	4.51	4.21		0.40	0.81	2.01	3.11	4.31	4.10	
CF	**T(máx)°C**	29.26	28.63	28.69	31.24	34.66	35.57	<u>**31.34**</u>	28.29	28.69	31.24	34.66	35.57	35.93	<u>**32.40**</u>
	T(min)°C	11.97	13.10	13.53	14.72	14.62	16.70	<u>**14.11**</u>	13.10	13.53	14.72	14.62	16.7	18.10	<u>**15.13**</u>
	Diff °C	17.29	15.53	15.16	16.52	20.04	18.87	<u>**17.24**</u>	15.19	15.16	16.52	20.04	18.87	17.83	<u>**17.27**</u>
	SS (hr)	8.30	9.10	7.20	8.30	9.70	9.10	<u>**8.62**</u>	8.40	7.20	8.30	9.70	9.10	8.30	<u>**8.50**</u>

| | RH (%) | 92.00 | 97.00 | 89.00 | 78.00 | 75.00 | 69.00 | 83.33 | 96.00 | 89.00 | 78.00 | 75.00 | 69.00 | 61.00 | 78.00 |

Tabela 1 (a). Médias das variedades de trigo tolerantes e susceptíveis ao calor para o peso de 100 sementes (g) para ambas as sementeiras no primeiro ano (Rabi 2012-13)

Ano de sementeira	Semeadura normal						Semeadura tardia					
DAA/ Variedades	10	17	24	31	38	45	10	17	24	31	38	45
Tolerante ao calor	1.01	1.84	3.22	3.96	4.73	4.41	0.80	1.38	2.90	3.73	4.59	4.25
Sensível ao calor	0.61	1.21	2.60	3.66	4.33	4.11	0.47	0.84	2.37	3.23	4.18	4.01
Valor de t$_{cal}$	3.81**	3.20**	3.29**	3.69**	4.17**	3.32**	3.16*	4.95**	3.09**	4.33	4.05**	2.86**

HT- Heat tolerant; **HS-** Heat susceptible; **DAA-** Days after anthesis; **E-** Environment **SS-Sunshine**; **RH-** Relative humidity; **CF-** Climatic factors ** Significativo a p=0,01; * Significativo a p=**0,05**

Tabela 2. Peso de 100 sementes (g) de diferentes variedades de trigo tolerantes e susceptíveis ao calor em sementeira normal e tardia no segundo ano (Rabi 2013-14)

	Época de sementeira	Semeadura normal (E3)						Meios de FC	Semeadura tardia (E4)						Meios de FC
	DAA/Variedades	10	17	24	31	38	45		10	17	24	31	38	45	
H T	**Raj 3765**	1.11	2.45	3.54	3.98	4.85	4.64		1.00	2.16	3.24	3.88	4.76	4.60	
	PBW-590	0.95	1.98	3.46	4.11	4.84	4.54		0.85	1.81	3.22	3.81	4.61	4.50	
	WH-1080	0.86	1.72	3.42	4.24	**4.92**	4.50		0.67	1.47	3.16	3.62	**4.80**	4.34	
	PBW-373	0.78	1.69	2.78	4.15	4.84	4.48		0.66	1.39	2.54	3.77	4.66	4.28	
	WH-1100	0.98	1.91	3.18	4.51	4.76	4.47		0.64	1.52	2.79	3.90	4.52	4.21	
	WH-1021	0.77	1.47	3.47	4.15	4.80	4.60		0.56	1.27	3.00	3.85	4.75	4.25	
HS	**PBW-343**	0.42	1.45	3.13	3.74	4.61	4.32		0.75	1.28	2.76	3.44	4.22	4.05	
	PBW-621	0.56	1.65	3.14	3.87	4.53	4.19		0.35	1.16	2.74	3.67	4.30	4.15	
	DBW-17	0.76	1.34	3.11	3.67	4.64	4.12		0.44	1.21	2.79	3.21	4.24	4.15	
	WH-147	0.64	1.32	3.00	3.79	4.65	4.36		0.33	1.18	2.71	3.11	4.41	4.11	
	HD-2967	0.76	1.67	2.55	3.81	4.67	4.30		0.61	1.44	2.45	3.34	4.15	4.00	
	WH-711	0.58	1.36	2.67	3.90	**4.66**	4.29		0.23	1.20	2.45	3.13	**4.46**	4.25	
CF	**T(máx)°C**	24.70	25.90	28.70	28.20	31.40	32.50	*28.57*	28.75	28.70	28.20	31.40	32.50	34.04	*30.60*
	T(min)°C	8.80	11.50	13.90	15.00	14.30	14.70	*13.03*	13.25	13.80	15.00	14.30	14.70	17.68	*14.79*
	Diff °C	15.90	14.40	14.80	13.20	17.10	17.80	*15.53*	15.50	14.90	13.20	17.10	17.80	16.36	*15.81*
	SS (hr)	10.00	8.30	7.20	6.70	9.90	9.80	*8.65*	9.65	7.80	6.70	9.90	9.80	9.00	*8.81*
	RH (%)	89.50	91.80	86.90	84.40	79.20	88.30	*86.68*	93.00	88.20	84.40	79.20	88.30	68.60	*83.62*

Tabela 2 (a). Médias das variedades de trigo tolerantes e susceptíveis ao calor para o peso de 100 sementes (g) para ambas as sementeiras no segundo ano (Rabi 2013-14)

Época de sementeira	Semeadura normal						Semeadura tardia					
DAA/ Variedades	10	17	24	31	38	45	10	17	24	31	38	45
Tolerante ao calor	0.91	1.87	3.31	4.19	4.84	4.54	0.73	1.60	2.99	3.81	4.68	4.36
Sensível ao calor	0.62	1.47	2.93	3.80	4.63	4.26	0.45	1.25	2.65	3.32	4.30	4.12
Valor de t_{cal}	**3.83****	**2.67***	**2.38***	**4.89****	**6.86****	**5.94****	**2.69***	**2.56***	**2.62***	**5.04****	**5.95****	**3.39****

Quadro 2 (b). Médias das variedades de trigo para o peso de 100 sementes no primeiro e segundo ano

Época de sementeira➤	Semeadura normal						Semeadura tardia					
DAA/ano	**10**	**17**	**24**	**31**	**38**	**45**	**10**	**17**	**24**	**31**	**38**	**45**
Primeiro	0.81	1.52	2.91	3.81	4.53	4.26	0.63	1.11	2.64	3.48	4.38	4.13
Segundo	0.76	1.67	3.12	3.99	4.73	4.40	0.59	1.42	2.82	3.56	4.49	4.24
Valor de t_{cal}	NS	NS	NS	NS	**2.40***	NS	NS	**2.42***	NS	NS	NS	NS

HT- Heat tolerant; **HS-** Heat susceptible; **DAA-** Days after anthesis; **E-** Environment **SS-Sunshine**; **RH-** Relative humidity; **CF-** Climatic factors ** Significativo a p=0,01; * Significativo a p=0,**05**

Em média, as variedades tolerantes tiveram um peso de sementes significativamente mais elevado do que as susceptíveis em épocas de sementeira normais e tardias em ambos os anos e em todas as fases (Quadro 1a e 2a). Depois de agrupadas todas as variedades tolerantes e susceptíveis, todas as variedades tiveram um peso de sementes mais elevado no segundo ano do que no primeiro ano aos 24 DAA em sementeira normal e aos 17 DAA em sementeira tardia (Quadro 2b). No geral, as variedades tiveram maior peso de sementes em condições de sementeira normal em todas as fases do que tardia em ambos os anos (Quadro 1 & 2). Os dados sobre a temperatura máxima e mínima mostram claramente que ambas foram mais elevadas na época de sementeira tardia do que na normal. Também se verificou que era mais elevada no primeiro do que no segundo ano em todas as fases após a antese.

4.1.2 Teor de humidade das sementes (SMC, %)

O teor de humidade da semente é um parâmetro importante durante o desenvolvimento da semente. Ele varia entre diferentes genótipos em diferentes estágios de desenvolvimento e maturação da semente. A média do teor de humidade das sementes de diferentes variedades tolerantes e susceptíveis em todas as fases do DAA é apresentada nos quadros 3 e 4. Sob semeadura normal no primeiro ano, o SMC foi encontrado mais alto para a variedade WH 1080 (80,26 %), PBW 373 (65,86, 48,81, 42,17 %), WH 1080 (32,71%) e PBW 590 (19.63 %) entre os tolerantes, enquanto que, entre os susceptíveis para a variedade PBW 621 (91,62, 75,73 %), WH 711 (52,39, 47,70, 35,90 %) e DBW 17 (25,94 %) em diferentes estágios de 10, 17, 24, 31, 38 e 45 DAA respetivamente (Tabela 3). Entre as tolerantes, as variedades WH 1100, WH 1021 (73,0), WH 1100 (56,56),

WH 1080 (39,16), WH 1021 (35,68), PBW 590 (20,49) e PBW 373 (15,67), enquanto que, entre as susceptíveis, a variedade HD 2967 (77.42), DBW 17 (60,76), PBW 343 (43,21), HD 2967 (41,21, 24,57) e PBW 343 (20,03) foram registadas como as mais baixas em diferentes fases do DAA para SMC. Sob sementeira tardia, a SMC da variedade Raj 3765, (82,66), WH 1080 (69,92), Raj 3765 (52,55), PBW 590 (47,47), WH 1080 (38,05) e PBW 590 (19,43) entre as tolerantes, enquanto que entre as susceptíveis, a variedade WH 711 (90,52, 81,17), PBW 343 (61,90) e WH 711 (49,61, 42,18, 23,30) registaram a SMC mais elevada em diferentes fases do DAA. Entre as variedades tolerantes WH 1021 (76,73), Raj 3765 (57,52), WH 1100 (42,69), WH 1080 (34,54) e PBW 373 (27,61), enquanto que as variedades PBW (78,11), PBW 621 (70,31), WH 147 (52,06), PBW 343 (41,57), PBW 343 (35,31) e DBW 17 (21,20) entre as susceptíveis registaram a menor SMC em diferentes fases do DAA.

No segundo ano, sob semeadura normal, as variedades WH 1080 (85,46), PBW 373 (69,48, 47,68), WH 1021 (43,08), WH 1080 (35,80) e PBW 590 (18,53) entre as tolerantes, enquanto que, entre as suscetíveis, a variedade PBW 621 (95.64, 79.26), WH 711 (53.30), WH 147 (48.36) e HD 2967 (35.67, 23.50) registaram o maior SMC do que as outras em diferentes fases do DAA (Tabela 4). Entre as variedades tolerantes, foi registado o valor mais baixo para as variedades WH 1100 (73,62), WH 1021 (61,93), WH 1080 (41,83), Raj 3765 (34,78), WH 1100 (23,67) e WH 1080 (17,71), enquanto que, entre as variedades susceptíveis, foram registadas as variedades WH 147 (81,32, 65,89), DBW 17 (43,15, 40,82), PBW 343 (29,29) e DBW 17 (21,30) em diferentes fases do DAA. Sob semeadura tardia, as variedades PBW 373 (83,71, 78,36), WH 1100

(52,20), PBW 373 (50,57, 34,88) e PBW 590 (19,0) entre as tolerantes, enquanto que as variedades WH 147 (89,45), PBW 621 (81,29), WH 147 (67,51, 55,69), PBW 343 (37,58) e WH 147 (23,56) entre as suscetíveis foram registradas como as mais altas em diferentes estágios do DAA.

Entre as tolerantes, as variedades WH 1100 (77,25), WH 1080 (60,85, 44,25), Raj 3765 (38,96, 23,87) e WH 1100 (16,50), enquanto que, entre as suscetíveis, as variedades HD 2967 (81,42), DBW 17 (68,35), PBW 621 (51,42), DBW 17 (42,36), WH 711 (32,83) e PBW 343 (20,60) em diferentes estágios do DAA registraram a menor SMC.

O teor de humidade das sementes diminuiu com a progressão dos estádios de crescimento após a antese. Ele diminuiu rapidamente na maturidade fisiológica. Neste estágio, a variedade WH 1080 (32.71, 38.05, 35.8, 34.88) estava tendo o maior SMC entre as tolerantes em ambos os tempos de semeadura no primeiro e segundo ano. Entre as variedades susceptíveis, a variedade WH 711 (35.90, 42.18) foi a que teve maior SMC em ambas as épocas de sementeira no primeiro ano e no segundo ano HD 2967 (35.67) e PBW 343 (37.58) em sementeira normal e tardia, respetivamente.

Em média, verificou-se que a variedade tolerante apresentava uma SMC significativamente mais elevada em todas as fases de ambas as sementeiras do que a suscetível, tanto no primeiro como no segundo ano (Quadro 3a e 4a). Depois de agrupadas todas as variedades tolerantes e susceptíveis, todas as variedades apresentavam uma SMC mais elevada no segundo ano do que no primeiro ano, aos 17 anos no normal, 17, 38 DAA na época de sementeira tardia (Quadro 4b). No geral, as variedades tiveram SMC mais baixa no normal em todos os estágios do que na semeadura tardia em ambos os anos (tabela 3 e 4).

Os dados relativos à temperatura máxima e mínima mostram claramente que ambas foram mais elevadas nas sementeiras tardias do que nas normais. Também se verificou que foi mais elevada no primeiro do que no segundo ano em todas as fases após a antese.

4.1.3 Dias até à colheita (dias após a sementeira)

O número de dias para o abrolhamento varia consoante as variedades e revela a maturidade precoce ou tardia de uma variedade. O quadro 5 apresenta os dias médios para o abrolhamento. Entre as variedades tolerantes, a variedade WH 1080 (95, 71) registou um mínimo de dias para o abrolhamento, tanto na sementeira normal como na tardia, enquanto que, entre as variedades susceptíveis, foi para a variedade DBW 17 (102) na sementeira normal e WH 711 (74) na tardia. Entre as tolerantes, foi maior para a variedade PBW 373 (100, 78) em ambas as sementeiras no primeiro ano, enquanto que, entre as susceptíveis, a variedade WH 147 (107, 82) levou mais dias para o endurecimento em sementeiras normais e tardias.

No segundo ano, o número de dias para o espigamento foi mais baixo para a variedade WH 1080 (95, 74) em ambas as sementeiras entre as tolerantes. As variedades PBW 343 (105) e WH 711 (74), entre as susceptíveis, registaram os valores mais baixos nas sementeiras normal e tardia, respetivamente (Quadro 5). Na sementeira normal, WH 1100 (104) entre as variedades

Tabela 3. Teor de humidade das sementes (%) de diferentes variedades de trigo tolerantes e susceptíveis ao calor em sementeira normal e tardia no primeiro ano (Rabi 2012-13)

Época de sementeira →		Semeadura normal (E1)						Meios de FC	Semeadura tardia (E2)						Meios de FC
	DAA/Variedades	10	17	24	31	38	45		10	17	24	31	38	45	
H T	**Raj 3765**	74.47	58.84	40.35	38.81	22.52	18.43		82.66	57.52	52.55	43.50	31.02	17.60	
	PBW-590	76.26	61.75	40.20	38.65	20.49	19.63		79.98	70.54	52.25	47.47	35.85	19.43	
	WH-1080	80.26	61.30	39.16	39.43	**32.71**	19.43		78.31	69.92	52.42	34.54	**38.05**	16.96	
	PBW-373	77.79	65.86	48.81	42.17	26.91	15.67		80.11	68.52	48.75	36.08	27.61	16.27	
	WH-1100	73.00	56.56	42.73	36.30	21.81	18.96		81.02	68.85	42.69	37.67	32.22	15.25	
	WH-1021	73.00	65.79	43.19	35.68	26.69	17.96		76.73	70.59	45.26	41.64	33.50	17.60	
H S	**PBW-343**	78.54	66.64	43.21	41.93	29.87	20.03		78.11	71.01	61.90	41.57	35.31	22.60	
	PBW-621	91.62	75.73	47.00	41.74	33.35	23.64		82.70	70.31	56.34	48.19	40.78	21.63	
	DBW-17	80.74	60.76	44.83	41.78	34.87	25.94		88.79	76.77	55.79	47.04	40.30	21.20	
	WH-147	79.92	57.84	46.89	45.30	27.78	21.53		86.79	76.07	52.06	46.70	38.68	23.00	
	HD-2967	77.42	71.29	48.44	41.21	24.57	23.05		87.94	75.24	58.17	42.89	35.62	22.14	

	WH-711	80.38	69.82	52.39	47.70	**35.90**	21.54		90.52	81.17	56.31	49.61	**42.18**	23.30	
C *F*	**T(máx)°C**	29.26	28.63	28.69	31.24	34.66	35.57	_31.34_	28.29	28.69	31.24	34.66	35.57	35.93	_32.40_
	T(min)°C	11.97	13.1	13.53	14.72	14.62	16.7	_14.11_	13.10	13.53	14.72	14.62	16.7	18.10	_15.13_
	Diff °C	17.29	15.53	15.16	16.52	20.04	18.87	_17.24_	15.19	15.16	16.52	20.04	18.87	17.83	_17.27_
	SS (hr)	8.30	9.10	7.20	8.30	9.70	9.10	_**8.62**_	8.40	7.20	8.30	9.70	9.10	8.30	_**8.50**_
	RH (%)	92.00	97.00	89.00	78.00	75.00	69.00	_**83.33**_	96.00	89.00	78.00	75.00	69.00	61.00	_**78.00**_

Quadro 3 (a). Médias das variedades de trigo tolerantes e susceptíveis ao calor para o teor de humidade das sementes (%) para ambas as sementeiras no primeiro ano (Rabi 2012-13)

Época de sementeira →	**Semeadura normal**						**Semeadura tardia**					
DAA/Variedades	**10**	**17**	**24**	**31**	**38**	**45**	**10**	**17**	**24**	**31**	**38**	**45**
Tolerante ao calor	75.80	61.68	42.41	38.51	25.19	18.35	79.80	67.66	48.99	40.15	33.04	17.19
Sensível ao calor	81.44	67.01	47.13	43.28	31.06	22.62	85.81	75.09	56.76	46.00	38.81	22.31
Valor de t$_{cal}$	**2.34***	**NS**	**2.45***	**3.33****	**2.27***	**4.15****	**2.92***	**2.83***	**3.59****	**2.46***	**3.05***	**7.71****

HT- Tolerante ao calor; **HS-** Sensível ao calor; **DAA-** Dias após a antese; **E-** Ambiente **SS- Sol**; **RH-** Humidade relativa; **CF-** Factores climáticos

** Significativo a p=0,01; * Significativo a p=0,05

Tabela 4. Teor de humidade das sementes (%) de diferentes variedades de trigo tolerantes e susceptíveis ao calor em sementeira normal e tardia no segundo ano (Rabi 2013-14)

Época de sementeira →	**Semeadura normal (E3)**							**Semeadura tardia (E4)**						
DAA/Variedades	**10**	**17**	**24**	**31**	**38**	**45**	**Meios de FC**	**10**	**17**	**24**	**31**	**38**	**45**	**Meios de FC**

HT	**Raj 3765**	78.27	68.47	39.97	34.78	24.01	17.73		78.67	68.35	52.13	38.96	23.87	18.60	
	PBW-590	75.86	65.02	42.27	39.45	28.73	18.53		83.24	63.16	51.62	40.25	31.47	19.00	
	WH-1080	85.46	68.96	41.83	41.64	**35.80**	17.71		81.68	60.85	44.25	40.64	29.47	18.20	
	PBW-373	81.33	69.48	47.68	42.54	26.19	18.30		83.71	78.36	50.21	50.57	**34.88**	17.60	
	WH-1100	73.62	69.47	44.06	35.04	23.67	17.74		77.25	74.95	52.20	47.48	27.11	16.50	
	WH-1021	81.42	61.93	46.64	43.08	24.71	18.50		81.32	70.06	49.65	46.85	31.83	16.65	
HS	**PBW-343**	81.63	71.90	44.34	41.27	29.29	22.36		82.56	78.36	57.00	49.36	**37.58**	20.60	
	PBW-621	95.64	79.26	47.57	42.98	33.71	21.60		87.60	81.29	51.42	47.48	35.85	23.00	
	DBW-17	81.34	74.19	43.15	40.82	35.19	21.30		83.61	68.35	53.25	42.36	30.56	21.60	
	WH-147	81.32	65.89	50.97	48.36	29.35	22.30		89.45	75.59	67.51	55.69	34.89	23.56	
	HD-2967	82.39	70.25	52.59	42.70	**35.67**	23.50		81.42	70.01	61.13	48.56	34.90	21.90	
	WH-711	83.34	77.10	53.30	48.24	33.72	23.11		85.62	77.23	57.61	50.68	32.83	22.36	
CF	**T(máx)°C**	24.70	25.90	28.70	28.20	31.40	32.50	*28.57*	28.75	28.70	28.20	31.40	32.50	34.04	*30.60*
	T(min)°C	8.80	11.50	13.90	15.00	14.30	14.70	*13.03*	13.25	13.80	15.00	14.30	14.70	17.68	*14.79*
	Diff °C	15.90	14.40	14.80	13.20	17.10	17.80	*15.53*	15.50	14.90	13.20	17.10	17.80	16.36	*15.81*
	SS (hr)	10.00	8.30	7.20	6.70	9.90	9.80	*8.65*	9.65	7.80	6.70	9.90	9.80	9.00	*8.81*
	RH (%)	89.50	91.80	86.90	84.40	79.20	88.30	*86.68*	93.00	88.20	84.40	79.20	88.30	68.60	*83.62*

Tabela 4 (a). Médias das variedades de trigo tolerantes e susceptíveis ao calor para o teor de humidade das sementes (%) para ambas as sementeiras no segundo ano (Rabi 2013-14)

Época de sementeira →	Semeadura normal						Semeadura tardia					
DAA/ Variedades	**10**	**17**	**24**	**31**	**38**	**45**	**10**	**17**	**24**	**31**	**38**	**45**
Tolerante ao calor	79.33	67.22	43.74	39.42	27.18	18.09	80.98	69.29	50.01	44.12	29.77	17.76
Sensível ao calor	84.28	73.10	48.65	44.06	32.82	22.36	85.04	75.14	57.99	49.02	34.44	22.17
Valor de t_{cal}	NS	**2.51***	**2.30***	**2.26***	**2.56***	**11.21****	**2.49***	NS	**3.00***	NS	**2.49***	**7.35****

Quadro 4(b). Médias das variedades de trigo para o teor de humidade das sementes (%) no primeiro e segundo anos

Época de sementeira →	Semeadura normal						Semeadura tardia					
DAA/ano	**10**	**17**	**24**	**31**	**38**	**45**	**10**	**17**	**24**	**31**	**38**	**45**
Primeiro	78.62	64.35	44.77	40.89	28.12	20.48	82.81	71.38	52.87	43.08	35.93	19.75
Segundo	81.80	70.16	46.20	41.74	30.00	20.22	83.01	72.21	54.00	46.57	32.10	19.96
Valor de t_{cal}	NS	**2.62***	NS	NS	NS	NS	Ns	**3.24***	NS	NS	**2.26***	NS

HT- Heat tolerant; **HS**- Heat susceptible; **DAA**- Days after anthesis; **E**- Environment SS-Sunshine; **RH**- Relative humidity; **CF**- Climatic factors ** Significativo a p=0,01; * Significativo a p=0,05 tolerante ao calor, enquanto que, entre as variedades susceptíveis WH 147 (110) registaram dias mais elevados para a colheita do que as outras. Em média, as variedades tolerantes ao calor registaram dias significativamente mais baixos para a colheita em ambas as condições de sementeira, em ambos os anos (Quadro 5a). Os dias para a colheita foram mais baixos em condições de sementeira tardia do que em condições de sementeira normal, tanto nas variedades tolerantes ao calor como nas susceptíveis, em ambos os anos.

Tabela 5. Médias dos dias para o abrolhamento das variedades tolerantes e susceptíveis ao calor

	Ano de sementeira→	Primeiro		Segundo	
	Variedades/época de sementeira	NS	LS	NS	LS
HT	**Raj 3765**	99	74	102	76
	PBW-590	97	72	100	76
	WH-1080	95	71	95	74
	PBW-373	**100**	**78**	103	**81**
	WH-1100	98	73	**104**	78
	WH-1021	97	73	103	78
HS	**PBW-343**	106	81	105	85
	PBW-621	102	81	109	**87**
	DBW-17	102	75	105	79
	WH-147	106	**82**	**110**	84
	HD-2967	103	80	107	83
	WH-711	106	74	106	78

Quadro 5(a). Médias das variedades de trigo tolerantes e susceptíveis ao calor para os dias até ao espigamento

Ano de sementeira	Primeiro		Segundo	
Variedades/época de sementeira	NS	LS	NS	NS
Tolerante ao calor	98	74	101	77

| Sensível ao calor | 104 | 79 | 107 | 83 |
| Valor de t_{cal} | 5.92** | 3.11* | 3.65** | 3.17** |

HT- Tolerante ao calor; **HS-** Suscetível ao calor; NS-Sementes **normais; LS-Sementes tardias**

4.1.4 Dias até à maturidade fisiológica (PM, dias após a sementeira)

A média de dias para a maturidade fisiológica de todas as variedades é apresentada na Tabela 6. A variedade tolerante ao calor PBW 373 (145, 121) e a variedade suscetível ao calor PBW 621 (150, 123) levaram o maior número de dias para atingir a maturidade fisiológica em ambas as condições de sementeira em 2012-13, enquanto que a variedade tolerante WH 1080 (136, 117) e a variedade suscetível DBW 17 (143, 117 dias) atingiram a PM mais cedo em condições de sementeira normal e tardia. Da mesma forma, ambas as variedades levaram o número máximo e mínimo de dias para a PM no segundo ano (2013-14) também em condições de sementeira normal e tardia.

Em média, as variedades tolerantes ao calor registaram dias significativamente mais baixos até à maturidade fisiológica, tanto nas condições de sementeira como no ano (Quadro 6a). Em geral, os dias até à maturidade fisiológica foram mais baixos nas condições de sementeira tardia do que nas condições de sementeira normal.

4.1.5 Dia até à maturidade da colheita (HM Dias após a sementeira)

A média de dias para a maturidade da colheita de todas as variedades é apresentada no Quadro 6. A variedade tolerante ao calor PBW 373 (156, 133) e a variedade suscetível ao calor PBW 621 (163, 138) demoraram o maior número de dias a amadurecer para a colheita em ambas as condições de sementeira em 2012-13, enquanto que a variedade tolerante WH 1080 (145, 124) e a variedade suscetível DBW 17 (156, 132 dias) atingiram a HM mais cedo em condições de sementeira normal e tardia. Da mesma forma, ambas as variedades levaram o número máximo e mínimo de dias para a HM no segundo ano (2013-14) também em condições de sementeira normal e tardia.

Em média, as variedades tolerantes ao calor registaram dias significativamente mais baixos para a maturidade da colheita, tanto nas condições de sementeira como no ano (Quadro 6a). Em geral, os dias para a HM foram mais baixos nas condições de sementeira tardia do que nas condições de sementeira normal.

4.1.6 Germinação padrão (SG, %)

A germinação padrão é um parâmetro amplamente adotado para o desempenho das culturas no campo. Verificou-se que está diretamente associada ao estabelecimento das plântulas no campo. Os valores médios da germinação padrão de diferentes variedades de trigo, tolerantes e susceptíveis ao calor, em datas de amostragem efectuadas em diferentes momentos do DAA, são apresentados nos quadros 7 e 8. Sob sementeira normal no primeiro ano, a SG da variedade Raj 3765 (27, 79, 96, 92 %) e WH 1100 (57 %) entre as tolerantes, enquanto que, entre as susceptíveis, a variedade PBW 343 (25, 52, 76, 90, 88%) registou os valores mais elevados aos 17, 24, 31, 38 e 45 DAA, respetivamente (quadro 7). Entre as tolerantes, as variedades PBW 373 (15), PBW 590 (34), WH 1080 (67, 91), PBW 373 (86), enquanto que, entre as susceptíveis, as variedades PBW 621 (15), WH 147 (32), HD 2967 (60, 85), WH 711 (85), WH 147 (82) registaram a germinação mais baixa em diferentes fases dos DAA. Sob sementeira tardia, a SG das variedades WH 1100 (29), Raj 3765 (40), WH 1100 (40), WH 1021 (40), WH 1021 (70), Raj 3765 (94) e PBW 373

(89) entre as tolerantes, enquanto que, entre as susceptíveis, a variedade PBW 343 (21, 33, 35) foi registada como a mais alta em diferentes fases do DAA.

Tabela 6. Médias de dias para a maturidade fisiológica e de colheita para as variedades tolerantes e susceptíveis ao calor

		Dias até à maturidade fisiológica (PM)				Dias até à maturidade da colheita (HM)			
	Ano de sementeira	Primeiro		Segundo		Primeiro		Segundo	
	Variedades/época de sementeira	NS	LS	NS	LS	NS	LS	NS	LS
HT	**Raj 3765**	142	117	144	121	151	125	156	132
	PBW-590	140	115	142	119	149	127	153	130
	WH-1080	136	114	138	118	145	126	148	129
	PBW-373	**145**	**121**	**149**	**125**	**156**	**133**	159	**136**
	WH-1100	143	117	146	121	153	129	154	131
	WH-1021	144	117	146	120	153	124	156	132
HS	**PBW-343**	147	122	147	126	156	136	158	138
	PBW-621	**150**	**123**	**154**	**128**	**163**	**138**	**161**	**139**
	DBW-17	143	117	147	122	156	132	158	134
	WH-147	146	120	150	125	159	135	161	138
	HD-2967	147	121	148	125	157	135	159	137
	WH-711	144	118	150	122	159	132	159	134

Quadro 6(a). Médias das variedades de trigo tolerantes e susceptíveis ao calor para os dias até à maturidade fisiológica e colhível

Ano de sementeira	Dias até à maturidade fisiológica					Dias até à maturidade da colheita			
	Primeiro ano		Segundo ano			Primeiro ano		Segundo ano	
Variedades/época de sementeira	NS	LS	NS	LS		NS	LS	NS	LS
Tolerante ao calor	142	117	144	121		151	127	154	132
Sensível ao calor	146	120	149	125		158	135	159	137
Valor de t$_{cal}$	2.69*	2.45*	2.72*	2.91*		3.77**	4.47**	3.09**	3.77**

HT- Tolerante ao calor; **HS-** Suscetível ao calor; **NS-Sementes normais**; LS-Sementes **tardias** ** Significativo a p=0,01; * Significativo a p=0,05

As variedades PBW 621, HD 2967 (cada 85), DBW 17, WH 711 (cada 83) tiveram a maior germinação aos 38 e 45 DAA, respetivamente. Entre as tolerantes, as variedades PBW 373 (14, 26), WH1080 (58), PBW 590 (87, 84) registaram a germinação mais baixa em diferentes DAA, enquanto que, entre as susceptíveis, as variedades WH 711 (10), DBW 17 (10), PBW 621 (20), HD 2967 (52), WH 711 (83, 80) registaram a germinação mais baixa em diferentes fases de DAA.

No segundo ano, sob sementeira normal, as variedades WH 1100, WH 1021 (cada 40), Raj 3765, PBW 590 (cada 60), Raj 3765 (89), WH 1021 (97), WH 1021 (95) entre as tolerantes, enquanto que, entre as susceptíveis, as variedades PBW 343 (31), PBW 621 (60), DBW 17 (77), PBW 343 (92, 89) registaram o SG mais elevado do que as outras em diferentes fases do DAA (Quadro 8). Entre as variedades tolerantes, a germinação das variedades Raj 3765, WH 1080 (25), WH 1080 (50), PBW 373, WH 1021 (75), WH 1100 (89), WH 1100, WH1080 (87), enquanto que, entre as susceptíveis, as variedades WH 147 (12), HD 2967 (40, 63), WH 147 (87, 85) registaram a germinação mais baixa em diferentes fases do DAA.

Sob semeadura tardia, as variedades Raj 3765 (40, 60), WH 1080 (80), WH 1021 (96, 94) entre as tolerantes, enquanto que, entre as suscetíveis, as variedades PBW 343 (25, 59, 90, 88) e HD 2967 (77) tiveram maior germinação em diferentes estágios do DAA. Entre as tolerantes, as variedades WH 1080 (15, 45), PBW 373, PBW 590 (75), WH 1100 (87, 84,7), enquanto que, entre as susceptíveis DBW 17, HD 2967 (10), DBW 17 (30), WH 711 (65), WH 147 (85, 83) registaram maior germinação em diferentes fases do DAA.

Tabela 7. Germinação padrão (%) de variedades de trigo tolerantes e susceptíveis ao calor em sementeira normal e tardia no primeiro ano (Rabi 2012-13)

Época de sementeira →	Semeadura normal (E1)							Semeadura tardia (E2)						
DAA/Variedades	10	17	24	31	38	45	Meios de FC	10	17	24	31	38	45	Meios de FC
H T Raj 3765	0	27	55	79	**96.0**	91		0	22	40	68	**94.0**	88	
PBW-590	0	17	34	72	90.0	90		0	17	32	63	87.0	84	
WH-1080	0	16	55	67	91.0	88		0	16	35	58	88.0	85	
PBW-373	0	15	38	68	94.0	86		0	14	26	61	92.0	89	
WH-1100	0	26	57	76	93.0	91		0	29	40	68	89.0	85	
WH-1021	0	26	50	74	95.0	91		0	22	40	70	90.0	87	
H S PBW-343	0	25	52	76	**90.0**	88		0	21	33	65	84.0	82	
PBW-621	0	15	40	72	90.0	85		0	15	20	60	**85.0**	82	
DBW-17	0	16	40	69	88.0	87		0	10	28	58	84.0	83	
WH-147	0	17	32	62	87.0	82		0	11	21	54	84.0	83	
HD-2967	0	19	38	60	85.0	84		0	12	25	52	**85.0**	82	
WH-711	0	18	37	62	85.0	84		0	10	25	58	83.0	80	
C F T(máx)°C	29.26	28.63	28.69	31.24	34.66	35.57	_31.34_	28.29	28.69	31.24	34.66	35.57	35.93	_32.40_
T(min)°C	11.97	13.10	13.53	14.72	14.62	16.70	_14.11_	13.10	13.53	14.72	14.62	16.70	18.10	_15.13_
Diff °C	17.29	15.53	15.16	16.52	20.04	18.87	_17.24_	15.19	15.16	16.52	20.04	18.87	17.83	_17.27_
SS (hr)	8.30	9.10	7.20	8.30	9.70	9.10	_**8.62**_	8.40	7.20	8.30	9.70	9.10	8.30	_**8.50**_

68

	RH (%)	92.00	97.00	89.00	78.00	75.00	69.00	_83.33_	96.00	89.00	78.00	75.00	69.00	61.00	_78.00_

Tabela 7(a). Médias de variedades de trigo tolerantes e susceptíveis ao calor para germinação padrão (%) para ambas as sementeiras no primeiro ano (Rabi 2012-13)

Época de sementeira →	Semeadura normal					Semeadura tardia				
DAA/ Variedades	**17**	**24**	**31**	**38**	**45**	**17**	**24**	**31**	**38**	**45**
Tolerante ao calor	21.2	48.2	72.7	93.2	89.5	20.0	35.5	64.7	90.0	86.3
Sensível ao calor	18	40	67	87.5	85	13	25	58	84.2	82
Valor de t$_{cal}$	NS	NS	NS	**4.29****	**3.65****	**2.41***	**3.35****	**2.55***	**5.26****	**4.72****

HT- Heat tolerant; **HS-** Heat susceptible; **DAA-** Days after anthesis; **E-** Environment **SS-Sunshine**; **RH-** Relative humidity; **CF-** Climatic factors ** Significativo a p=0,01; * Significativo a p=0,05

Tabela 8. Germinação padrão (%) de diferentes variedades de trigo tolerantes e susceptíveis ao calor em sementeira normal e tardia no segundo ano (Rabi 2013-14)

Época de sementeira→		Semeadura normal (E3)							Late Sown (E4)						
	DAA/Variedades	10	17	24	31	38	45	Meios de FC	10	17	24	31	38	45	Meios de FC
HT	**Raj 3765**	0	25.0	60.0	89.0	95.0	93.0		0	40.0	60.0	78.0	93.0	91.0	
	PBW-590	0	35.0	60.0	87.0	94.0	92.0		0	25.0	55.0	75.0	91.0	89.0	
	WH-1080	0	25.0	50.0	77.0	91.0	87.0		0	15.0	45.0	80.0	89.0	87.0	
	PBW-373	0	31.0	52.0	75.0	95.0	92.0		0	20.0	50.0	75.0	91.0	88.0	
	WH-1100	0	40.0	53.0	77.0	89.0	87.0		0	21.0	49.0	77.0	87.0	84.7	
	WH-1021	0	40.0	55.0	75.0	**97.0**	95.0		0	25.0	40.0	78.0	**96.0**	94.0	
HS	**PBW-343**	0	31.0	50.0	75.0	**92.0**	89.0		0	25.0	59.0	75.0	**90.0**	88.0	
	PBW-621	0	25.0	60.0	75.0	88.0	86.0		0	20.0	58.0	72.0	87.0	84.0	
	DBW-17	0	25.0	44.0	77.0	89.0	87.0		0	10.0	30.0	70.0	87.0	85.0	
	WH-147	0	12.0	42.0	70.0	87.0	85.0		0	12.0	40.0	75.0	85.0	83.0	
	HD-2967	0	17.0	40.0	63.0	90.0	86.0		0	10.0	35.0	77.0	87.0	84.5	
	WH-711	0	30.0	50.0	73.0	90.0	88.0		0	18.0	35.0	65.0	87.0	85.0	
CF	**T(máx)°C**	24.70	25.90	28.70	28.20	31.40	32.50	*28.57*	28.75	28.70	28.20	31.40	32.50	34.04	*30.60*
	T(min)°C	8.80	11.50	13.90	15.00	14.30	14.70	*13.03*	13.25	13.80	15.00	14.30	14.70	17.68	*14.79*
	Diff °C	15.90	14.40	14.80	13.20	17.10	17.80	*15.53*	15.50	14.90	13.20	17.10	17.80	16.36	*15.81*
	SS (hr)	10.00	8.30	7.20	6.70	9.90	9.80	*8.65*	9.65	7.80	6.70	9.90	9.80	9.00	*8.81*
	RH (%)	89.50	91.80	86.90	84.40	79.20	88.30	*86.68*	93.00	88.20	84.40	79.20	88.30	68.60	*83.62*

Tabela 8(a). Médias de variedades de trigo tolerantes e susceptíveis ao calor para germinação padrão (%) para ambas as sementeiras no segundo ano (Rabi 2013-14)

Época de sementeira→	Semeadura normal					Semeadura tardia				
DAA/ Variedades	17	24	31	38	45	17	24	31	38	45
Tolerante ao calor	32.7	55.0	80.0	93.5	91.0	24.3	49.8	77.2	91.2	89.0
Sensível ao calor	23.3	47.7	72.2	89.3	86.8	15.8	42.8	72.3	87.2	84.9
Valor de t_{cal}	2.26*	NS	2.37*	2.98*	2.83*	NS	NS	2.48*	2.79*	2.71*

Quadro 8(b). Médias das variedades de trigo para a germinação padrão (%) no primeiro e segundo anos

Época de sementeira →	Semeadura normal					Semeadura tardia				
DAA/ano	**17**	**24**	**31**	**38**	**45**	**17**	**24**	**31**	**38**	**45**
Primeiro	20	44	70	90.3	87	17	30	61	87.1	84
Segundo	28.0	51.3	76.1	91.4	88.9	20.1	46.3	74.8	89.2	86.9
Valor de t_{cal}	**2.96****	**2.23***	**2.39***	**NS**	**NS**	**NS**	**4.34***	**6.67***	**NS**	**2.26***

HT- Heat tolerant; **HS-** Heat susceptible; **DAA-** Days after anthesis; **E-** Environment **SS-Sunshine**; **RH-** Relative humidity; **CF-** Climatic factors ** Significativo a p=0,01; * Significativo a p=**0,05**

O SG foi encontrado aumentando com a progressão dos estágios de desenvolvimento e maturação das sementes. Foi mais alto no estágio de maturidade fisiológica e depois diminuiu ainda mais. Nesta fase, a Raj 3765 (96, 94) foi tolerante em ambas as sementeiras no primeiro ano, enquanto que as susceptíveis PBW 343 (90) e PBW 621 (85) registaram a germinação mais elevada em sementeiras normais e tardias no primeiro ano. No segundo ano, WH 1021 (97, 96) e PBW 373 (92, 90) tiveram a maior germinação na maturidade fisiológica em ambas as semeaduras.

Em média, as variedades tolerantes ao calor tiveram uma germinação significativamente mais elevada do que as susceptíveis aos 38, 45 em ambas as sementeiras e 17, 24, 31 DAA em sementeiras normais no primeiro ano. No segundo ano, as variedades tolerantes também tiveram uma germinação significativamente mais elevada em todas as fases do DAA, exceto aos 24 DAA na sementeira normal e aos 17, 24 DAA na sementeira tardia (Quadro 7a & 8a). Depois de agrupadas todas as variedades tolerantes e susceptíveis, no segundo ano todas as variedades tiveram uma SG significativamente mais elevada do que no primeiro ano aos 17, 24 e 31 DAA em condições normais e em condições de sementeira tardia aos 24, 31 e 45 DAA (Quadro 8b). Em geral, as variedades têm uma germinação mais elevada em condições normais em todas as fases do que em condições de sementeira tardia em ambos os anos (Quadro 7 e 8). Os dados sobre a temperatura máxima e mínima mostram claramente que ambas foram mais elevadas nas condições de sementeira tardia do que nas normais. Também se verificou que foi mais elevada no primeiro do que no segundo ano em todas as fases após a antese.

4.1.7 Comprimento da plântula (SL, cm)

O comprimento da plântula é um componente no cálculo do índice de vigor I. Inclui o comprimento da raiz e do rebento. Mostra o vigor do lote de sementes. A média do SL de diferentes variedades de trigo, tolerantes e susceptíveis ao calor, em datas de amostragem colhidas em diferentes épocas do DAA, é apresentada nos quadros 9 e 10. Sob sementeira normal no primeiro ano, a SL da variedade WH 1021 (16,3, 10,2, 29,6, 28,0 cm) em todos os estádios, exceto aos 31 DAA, para a qual a PBW 590 (21,5 cm), enquanto que, entre as variedades sensíveis, a variedade WH 711 (6,1 cm), PBW 343 (11,5 cm), DBW 17 (16,5 cm), PBW 343 (25,8, 24,0 cm) tiveram o maior valor aos 17, 24, 31, 38 e 45 DAA, respetivamente (Quadro 9). Entre as tolerantes, as variedades WH 1100 (3.1), PBW 373 (6.0), WH 1100 (14.2) e PBW 373 (22.5, 21.0) , enquanto que, entre as susceptíveis, as variedades DBW 17 (2.3, 5), HD 2967 (11.2, 15.5, 14.8) registaram o menor SL em diferentes fases do DAA. Sob sementeira tardia, o comprimento das plântulas das variedades WH 1100 (8,9), Raj 3765 (12,9), PBW 590 (20), WH1021 (23,9, 22,1) entre as tolerantes, enquanto que, entre as susceptíveis, as variedades PBW 343, WH 711 (8,5), PBW 343, PBW 621 (12,5), DBW 17 (15,2), WH 711 (20,8), PBW 343, WH 711 (19) foram registadas como as mais altas em diferentes fases do DAA. Entre as tolerantes, as variedades Raj 3765 (4,5), WH 1021 (9,6), PBW (13,9, 20, 19), enquanto que, entre as susceptíveis, as variedades HD 2967 (4,1, 7,8), PBW621 (12,4), HD2967 (14,5, 13,9) registaram os valores mais baixos para SL em diferentes fases do DAA.

No segundo ano, sob sementeira normal, a variedade WH 1021 (16, 17,7, 25,7, 35,1, 33,5 cm) entre as tolerantes, enquanto que, entre as susceptíveis, a variedade WH 711 (13,0), DBW 17 (15,2) e PBW 343 (18,8, 28,2, 27,5) registaram SL mais elevado do que as outras em diferentes fases do DAA (Quadro 10). Este valor foi mais baixo para as variedades PBW 373 (9,4), WH 1080 (13,4), PBW 373 (18,2, 25,5, 24,3) entre as tolerantes e para as variedades PBW 621 (7,2), WH 147 (13,6, 14,2), HD 2967 (21), WH 147 (20,5) entre as susceptíveis em diferentes fases do DAA. Sob semeadura tardia, a variedade WH 1021 (5.2, 14.7, 21.6, 33.8, 30.8) entre as tolerantes, enquanto que, entre as suscetíveis WH 711 (9, 7.6,) e PBW 343 (16.6, 25.2, 24.6) estavam tendo maior SL em diferentes estágios de DAA. Entre as tolerantes, as variedades PBW 590 (2,3), PBW 373 (6,7, 17,2, 24,4, 22,5), enquanto que, entre as susceptíveis, as variedades DBW17 (4), PBW 621 (5,6), HD 2967 (11), DBW 17 (21,1), WH 147, HD 2967 (20) registaram valores mais elevados em diferentes fases do DAA.

A SL aumentou com a progressão dos estádios de desenvolvimento e maturação das sementes. Foi mais alto no estágio de maturidade fisiológica e depois diminuiu ainda mais (Tabela 9 & 10).

Tabela 9. Comprimento das plântulas (cm) de diferentes variedades de trigo tolerantes e susceptíveis ao calor em sementeira normal e tardia no primeiro ano (Rabi 2012-13)

Época de sementeira		Semeadura normal (E1)							Semeadura tardia (E2)						
	DAA/Variedades	10	17	24	31	38	45	Meios de FC	10	17	24	31	38	45	Meios de FC
H T	**Raj 3765**	0.0	5.2	8.2	20.6	26.9	25.0		0.0	4.5	12.9	16.6	23.5	21.0	
	PBW-590	0.0	4.5	6.2	21.5	23.5	22.0		0.0	5.9	10.5	20.0	21.2	20.0	
	WH-1080	0.0	4.1	8.6	18.0	24.3	23.0		0.0	5.6	12.3	16.5	21.8	20.5	
	PBW-373	0.0	3.5	6.0	15.6	22.5	21.0		0.0	6.2	11.5	13.9	20.0	19.0	
	WH-1100	0.0	3.1	7.5	14.2	25.3	24.3		0.0	8.9	10.2	15.0	23.0	22.0	
	WH-1021	0.0	6.3	10.2	19.0	**29.6**	28.0		0.0	8.1	9.6	17.6	**23.9**	22.1	
HS	**PBW-343**	0.0	3.5	11.5	14.2	**25.8**	24.0		0.0	8.5	12.5	13.5	19.6	19.0	
	PBW-621	0.0	2.6	9.0	12.9	21.0	20.0		0.0	7.3	12.5	12.4	19.0	18.0	
	DBW-17	0.0	2.3	5.0	16.5	17.9	17.0		0.0	5.9	10.8	15.2	16.1	15.5	
	WH-147	0.0	3.5	6.5	15.0	20.8	20.0		0.0	4.6	8.9	14.3	18.8	18.0	
	HD-2967	0.0	3.9	6.7	11.2	15.5	14.8		0.0	4.1	7.8	14.5	14.5	13.9	
	WH-711	0.0	6.1	7.5	12.8	24.3	23.4		0.0	8.5	10.4	12.5	**20.8**	19.0	
CF	**T(máx)°C**	29.26	28.63	28.69	31.24	34.66	35.57	*31.34*	28.29	28.69	31.24	34.66	35.57	35.93	*32.40*
	T(min)°C	11.97	13.1	13.53	14.72	14.62	16.7	*14.11*	13.10	13.53	14.72	14.62	16.7	18.10	*15.13*
	Diff °C	17.29	15.53	15.16	16.52	20.04	18.87	*17.24*	15.19	15.16	16.52	20.04	18.8 7	17.83	*17.27*
	SS (hr)	8.30	9.10	7.20	8.30	9.70	9.10	*8.62*	8.40	7.20	8.30	9.70	9.10	8.30	*8.50*

	RH (%)	92.0	97.00	89.0	78.0	75.0	69.00	*83.33*	96.00	89.0	78.00	75.0	69.0	61.0	*78.00*

Tabela 9(a). Médias das variedades de trigo tolerantes e susceptíveis ao calor para o comprimento das plântulas (cm) para ambas as sementeiras no primeiro ano (Rabi 2012-13)

Época de sementeira→	Semeadura normal					Semeadura tardia				
DAA/ Variedades	**17**	**24**	**31**	**38**	**45**	**17**	**24**	**31**	**38**	**45**
Tolerante ao calor	4.5	7.8	18.2	25.4	23.9	6.5	11.2	16.6	22.2	20.8
Sensível ao calor	3.7	7.7	13.8	20.9	19.9	6.5	10.5	13.7	18.1	17.2
Valor de t_{cal}	NS	NS	**3.17***	**2.37***	**2.26***	NS	NS	**2.92***	**3.60****	**3.61****

HT- Heat tolerant; **HS**- Heat susceptible; **DAA**- Days after anthesis; **E**- Environment **SS-Sunshine**; **RH**- Relative humidity; **CF**- Climatic factors ****** Significativo a p=0,01; ***** Significativo a p=0,05

Tabela 10. Comprimento das plântulas (cm) de diferentes variedades de trigo tolerantes e susceptíveis ao calor em sementeira normal e tardia no segundo ano (Rabi 2013-14)

	Época de sementeira	Semeadura normal (E3)							Semeadura tardia (E4)						
	DAA/Variedades	10	17	24	31	38	45	Meios de FC	10	17	24	31	38	45	Meios de FC
H T	**Raj 3765**	0.0	9.5	14.4	22.9	31.3	30.5		0.0	4.1	13.0	20.9	27.2	26.3	
	PBW-590	0.0	10.6	16.4	21.5	28.3	27.6		0.0	2.3	13.0	18.5	26.5	25.3	
	WH-1080	0.0	10.1	13.4	21.0	28.3	26.5		0.0	4.2	8.0	18.4	25.8	24.3	
	PBW-373	0.0	9.4	15.8	18.2	25.5	24.3		0.0	3.5	6.7	17.2	24.4	22.5	
	WH-1100	0.0	11.5	16.2	20.4	27.5	26.1		0.0	4.7	6.9	18.5	26.4	24.5	
	WH-1021	0.0	16.0	17.7	25.7	**35.1**	33.5		0.0	5.2	14.7	21.6	**33.8**	30.8	
HS	**PBW-343**	0.0	11.7	14.5	18.8	**28.2**	27.5		0.0	5.0	6.8	16.6	**25.2**	24.6	
	PBW-621	0.0	7.2	14.3	18.3	24.0	23.9		0.0	5.0	5.6	14.3	22.5	20.3	
	DBW-17	0.0	8.5	15.2	17.0	24.2	23.5		0.0	4.0	6.6	12.5	21.1	20.2	
	WH-147	0.0	8.9	13.6	14.2	21.4	20.5		0.0	4.1	6.0	15.2	21.2	20.0	
	HD-2967	0.0	11.0	15.0	18.0	21.0	20.6		0.0	4.7	6.3	11.0	21.9	20.0	
	WH-711	0.0	13.0	14.0	16.4	26.6	26.0		0.0	9.0	7.6	16.5	24.4	22.0	
CF	**T(máx)°C**	24.70	25.90	28.70	28.20	31.40	32.50	*28.57*	28.75	28.70	28.20	31.40	32.50	34.04	*30.60*
	T(min)°C	8.80	11.50	13.90	15.00	14.30	14.70	*13.03*	13.25	13.80	15.00	14.30	14.70	17.68	*14.79*
	Diff °C	15.90	14.40	14.80	13.20	17.10	17.80	*15.53*	15.50	14.90	13.20	17.10	17.80	16.36	*15.81*
	SS (hr)	10.00	8.30	7.20	6.70	9.90	9.80	*8.65*	9.65	7.80	6.70	9.90	9.80	9.00	*8.81*
	RH (%)	89.50	91.80	86.90	84.40	79.20	88.30	*86.68*	93.00	88.20	84.40	79.20	88.30	68.60	*83.62*

Tabela 10(a). Médias das variedades de trigo tolerantes e susceptíveis ao calor para o comprimento das plântulas (cm) para ambas as sementeiras no segundo ano (Rabi 2013-14)

Época de sementeira	Semeadura normal					Semeadura tardia				
DAA/ Variedades	17	24	31	38	45	17	24	31	38	45
Tolerante ao calor	11.2	15.7	21.6	29.3	28.1	4.0	10.4	19.2	27.4	25.6
Sensível ao calor	10.0	14.4	17.1	24.2	23.7	5.3	6.5	14.3	22.7	21.2

Valor de t_{cal}	NS	NS	3.64**	2.83*	2.47*	NS	2.63*	4.22**	3.06*	3.22*

Quadro 10(b). Médias das variedades de trigo para o comprimento das plântulas (cm) no primeiro e no segundo ano

Época de sementeira	Semeadura normal					Semeadura tardia				
DAA/ano	17	24	31	38	45	17	24	31	38	45
Primeiro	4.1	7.7	16.0	23.1	21.9	6.5	10.8	15.2	20.2	19.0
Segundo	10.6	15.0	19.4	26.8	25.9	4.7	8.4	16.8	25.0	23.4
Valor de t_{cal}	8.62**	11.17**	2.63*	2.28*	2.67*	2.77*	2.33*	NS	3.73**	3.75**

HT- Heat tolerant; **HS-** Heat susceptible; **DAA-** Days after anthesis; **E-** Environment **SS-Sunshine**; **RH-** Relative humidity; **CF-** Climatic factors ** Significativo a p=0,01; * Significativo a p=0,05

Nesta fase WH 1021 (29.6, 23.9, 35.1, 33.8) estava a ter um comprimento de plântula elevado entre os tolerantes em ambas as sementeiras no primeiro e segundo ano. Entre as susceptíveis, a variedade PBW 343 (25,8) apresentava um SL elevado, exceto na sementeira tardia no primeiro ano. Foi a variedade WH 711 (20,8) que registou o SL mais elevado na sementeira tardia e na maturidade fisiológica.

Em média, as variedades tolerantes apresentaram uma SL significativamente mais elevada do que as susceptíveis aos 31, 38 e 45 DAA em ambas as sementeiras e em ambos os anos. Todas as variedades têm SL significativamente mais elevado em todas as fases do segundo ano em ambas as sementeiras, exceto aos 31 DAA na sementeira tardia (Quadro 9a & 10a). Depois de agrupadas todas as variedades tolerantes e susceptíveis, no segundo ano todas as variedades apresentaram SL mais elevado do que no primeiro ano em todas as fases em ambas as sementeiras, exceto para 31 DAA na sementeira tardia (Quadro 10b). De um modo geral, as variedades apresentavam maior SL em todas as fases da sementeira normal do que na sementeira tardia em ambos os anos (Quadro 9, 10). Os dados sobre a temperatura máxima e mínima mostram claramente que ambas foram mais elevadas nas condições de sementeira tardia do que nas normais. Também se verificou que era mais elevada no primeiro do que no segundo ano em todas as fases após a antese.

4.1.8 Índice de Vigor-I (VI-I)

O índice de vigor é um dos determinantes importantes do desempenho da cultura no campo. Rege diretamente o estabelecimento das plântulas no campo. O índice de vigor médio I de diferentes variedades de trigo tolerantes e susceptíveis ao calor, em datas de amostragem colhidas em diferentes épocas do DAA, é apresentado nos quadros 11 e 12. Sob sementeira normal no primeiro ano, o VI-I da variedade WH 1021 (163,8, 510,0), Raj 3765 (1627,4) e WH 1021 (2812,0, 2548) entre as tolerantes ao calor, enquanto que, entre as susceptíveis, a variedade WH 711 (109,8), PBW 343 (598,0), DBW 17 (1138,5) e PBW 343 (2322, 2112) foram registadas como mais elevadas aos 17, 24, 31, 38 e 45 DAA respetivamente (Quadro 11).

VI-I da variedade PBW 373 (52.5, 228.0, 1060.8, 2115.0, 1806) entre as tolerantes, enquanto que, entre as susceptíveis, as das variedades DBW 17 (36.8, 200) e HD 2967 (672, 1317.5, 1243.2) foram registadas como as mais baixas em diferentes fases do DAA. Sob semeadura tardia, as variedades WH 1100 (258.1), Raj 3765 (516), PBW 590 (1260), Raj 3765 (2209.3) e WH 1021 (1922.7) entre as tolerantes, enquanto que, entre as suscetíveis, as variedades PBW 343 (178.5, 412.5), DBW 17 (881.6), WH 711 (1726.4) e PBW 343 (1558) foram as mais altas em diferentes estágios do DAA. A variedade tolerante PBW 373 teve o menor VI-I (86,8, 299,07, 847,9 e 1840) em todos os estágios do DAA, exceto aos 45 DAA. Nesta fase, a variedade PBW 590 (1680) apresentou o menor VI-I entre as tolerantes. Entre os suscetíveis, as variedades HD 2967 (49,2), WH 147 (186,9), WH 711 (725), HD 2967 (1232,5, 1139,8) em diferentes estágios do DAA registaram o menor VI-I de sementes.

No segundo ano, sob sementeira normal, as variedades WH 1021 (640,0), PBW 590 (984), Raj 3765 (2038,1), WH 1021 (3404,7, 3182,5) entre as tolerantes, enquanto que, entre as susceptíveis, as variedades WH 711 (390), PBW 621 (859,8), PBW 343 (1410,0, 2594,4, 2447,5) registaram os valores mais elevados para VI-I do que outras aos 17, 24, 31, 38 e 45 DAA, respetivamente (Quadro 12). Este valor foi mais baixo para a variedade Raj 3765 (237,55), WH 1080 (670), PBW 373 (1365, 2422,5, 2235,6) entre as tolerantes, enquanto que, entre as susceptíveis, a variedade WH 147 (106,8, 571,2, 994,0, 1861,8, 1742,5) em diferentes fases do DAA registou o VI-I mais baixo.

Sob semeadura tardia, as variedades Raj 3765 (164.0, 780.0), WH 1021 (1684.8, 3244.8, 2895.2) entre as tolerantes, enquanto que entre as suscetíveis, as variedades WH 711 (162) e PBW 343 (401.2, 1247.3, 2368.5, 2164.8) registraram maior VI-I em diferentes estágios do DAA. As variedades PBW 373 (335.0, 1290, 2220.4, 1980.0) e PBW 590 (57.5) tiveram o valor mais baixo para VI-I entre as tolerantes, enquanto que, entre as susceptíveis, as variedades DBW 17 (40), DBW 17 (198), HD 2967 (847), WH 147 (1802, 1660) registaram o valor mais baixo para o mesmo.

Tabela 11. Índice de vigor-I de diferentes variedades de trigo tolerantes e susceptíveis ao calor em sementeira normal e tardia no primeiro ano (Rabi 2012-13)

Época de sementeira →		Semeadura normal (E1)						Meios de FC	Semeadura tardia (E2)						Meios de FC
	DAA/Varie dades	10	17	24	31	38	45		10	17	24	31	38	45	
H T	**Raj 3765**	0.0	140.4	451.0	1627.4	2582.4	2275		0.0	99.0	516.0	1128.8	**2209.0**	1848	
	PBW-590	0.0	76.5	210.8	1548.0	2115.0	1980		0.0	100.3	336.0	1260.0	1844.4	1680	
	WH-1080	0.0	65.6	473.0	1206.0	2211.3	2024		0.0	89.6	430.5	957.0	1918.4	1742.5	
	PBW-373	0.0	52.5	228.0	1060.8	2115.0	1806		0.0	86.8	299.0	847.9	1840.0	1691	
	WH-1100	0.0	80.6	427.5	1079.2	2352.9	2211.3		0.0	258.1	408.0	1020.0	2047.0	1870	
	WH-1021	0.0	163.8	510.0	1406.0	**2812.0**	2548		0.0	178.2	384.0	1232.0	2151.0	1922.7	
H S	**PBW-343**	0.0	87.5	598.0	1079.2	**2322.0**	2112		0.0	178.5	412.5	877.5	1646.4	1558	
	PBW-621	0.0	39.0	360.0	928.8	1890.0	1700		0.0	109.5	250.0	744.0	1615.0	1476	
	DBW-17	0.0	36.8	200.0	1138.5	1575.2	1479		0.0	59.0	302.4	881.6	1352.4	1286.5	
	WH-147	0.0	59.5	208.0	930.0	1809.6	1640		0.0	50.6	186.9	772.2	1579.2	1494	

	HD-2967	0.0	74.1	254.6	672.0	1317.5	1243.2		0.0	49.2	195.0	754.0	1232.5	1139.8	
	WH-711	0.0	109.8	277.5	793.6	2065.5	1965.6		0.0	85.0	260.0	725.0	**1726.4**	1520	
C	**T(máx)°C**	29.26	28.63	28.69	31.24	34.66	35.57	*__31.34__*	28.29	28.69	31.24	34.66	35.57	35.93	*__32.40__*
F	**T(min)°C**	11.97	13.1	13.53	14.72	14.62	16.7	*__14.11__*	13.10	13.53	14.72	14.62	16.7	18.10	*__15.13__*
	Diff °C	17.29	15.53	15.16	16.52	20.04	18.87	*__17.24__*	15.19	15.16	16.52	20.04	18.87	17.83	*__17.27__*
	SS (hr)	8.30	9.10	7.20	8.30	9.70	9.10	*__8.62__*	8.40	7.20	8.30	9.70	9.10	8.30	*__8.50__*
	RH (%)	92.00	97.00	89.00	78.00	75.00	69.00	*__83.33__*	96.00	89.00	78.00	75.00	69.00	61.00	*__78.00__*

Quadro 11(a). Médias de variedades de trigo tolerantes e susceptíveis ao calor para o índice de vigor-I para ambas as sementeiras no primeiro ano (Rabi 2012-13)

Época de sementeira➔	Semeadura normal					Semeadura tardia				
DAA/ Variedades	**17**	**24**	**31**	**38**	**45**	**17**	**24**	**31**	**38**	**45**
Tolerante ao calor	96.6	383.4	1321.2	2364.8	2140.72	135.3	395.6	1074.3	2001.6	1792.37
Sensível ao calor	67.8	316.4	923.7	1830.0	1689.97	88.6	267.8	792.4	1525.3	1412.38
Valor de t_{cal}	NS	NS	3.27**	2.86*	2.69*	NS	2.78*	3.93**	4.71**	4.84**

HT- Heat tolerant; **HS-** Heat susceptible; **DAA-** Days after anthesis; **E-** Environment **SS-Sunshine**; **RH-** Relative humidity; **CF-** Climatic factors ** Significativo a p=0,01; * Significativo a p=0,05

Tabela 12. Índice de vigor-I de diferentes variedades de trigo tolerantes e susceptíveis ao calor em sementeira normal e tardia no segundo ano (Rabi 2013-14)

	Época de sementeira →	Semeadura normal (E3)							Semeadura tardia (E4)						
	DAA/Variedades	10	17	24	31	38	45	Meios de FC	10	17	24	31	38	45	Meios de FC
H T	**Raj 3765**	0.0	237.5	864.0	2038.1	2973.5	2836.5		0.0	164.0	780.0	1630.2	2529.6	2393.3	
	PBW-590	0.0	371.0	984.0	1870.5	2660.2	2539.2		0.0	57.5	715.0	1387.5	2411.5	2251.7	
	WH-1080	0.0	252.5	670.0	1617.0	2575.3	2305.5		0.0	63.0	360.0	1472.0	2296.2	2114.1	
	PBW-373	0.0	291.4	823.2	1365.0	2422.5	2235.6		0.0	70.0	335.0	1290.0	2220.4	1980.0	
	WH-1100	0.0	460.0	858.6	1570.8	2447.5	2270.7		0.0	98.7	338.1	1424.5	2296.8	2075.2	
	WH-1021	0.0	640.0	971.9	1927.5	**3404.7**	3182.5		0.0	130.0	588.4	1684.8	**3244.8**	2895.2	
H S	**PBW-343**	0.0	361.8	725.0	1410.0	**2594.4**	2447.5		0.0	125.0	401.2	1247.3	**2268.0**	2164.8	
	PBW-621	0.0	180.0	859.8	1372.5	2112.0	2055.4		0.0	100.0	324.8	1026.0	1957.5	1705.2	
	DBW-17	0.0	212.5	668.8	1309.0	2153.8	2044.5		0.0	40.0	198.0	875.0	1835.7	1717.0	
	WH-147	0.0	106.8	571.2	994.0	1861.8	1742.5		0.0	49.2	240.0	1140.0	1802.0	1660.0	
	HD-2967	0.0	187.0	600.0	1134.0	1890.0	1771.6		0.0	47.0	220.5	847.0	1905.3	1690.0	
	WH-711	0.0	390.0	700.0	1197.2	2394.0	2288.0		0.0	162.0	266.0	1072.5	2122.8	1870.0	
C F	**T(máx)°C**	24.70	25.90	28.70	28.20	31.40	32.50	*__28.57__*	28.75	28.70	28.20	31.40	32.50	34.04	*__30.60__*
	T(min)°C	8.80	11.50	13.90	15.00	14.30	14.70	*__13.03__*	13.25	13.80	15.00	14.30	14.70	17.68	*__14.79__*

Diff °C	15.90	14.40	14.80	13.20	17.10	17.80	*15.53*	15.50	14.90	13.20	17.10	17.80	16.36	*15.81*
SS (hr)	10.00	8.30	7.20	6.70	9.90	9.80	*8.65*	9.65	7.80	6.70	9.90	9.80	9.00	*8.81*
RH (%)	89.50	91.80	86.90	84.40	79.20	88.30	*86.68*	93.00	88.20	84.40	79.20	88.30	68.60	*83.62*

Quadro 12(a). Médias de variedades de trigo tolerantes e susceptíveis ao calor para o índice de vigor-I para ambas as sementeiras no segundo ano (Rabi 2013-14)

Época de sementeira→	Semeadura normal					Semeadura tardia				
DAA/ Variedades	**17**	**24**	**31**	**38**	**45**	**17**	**24**	**31**	**38**	**45**
Tolerante ao calor	375.4	861.9	1731.5	2747.3	2561.7	97.2	519.4	1481.5	2499.9	2284.9
Sensível ao calor	239.7	687.5	1236.1	2167.7	2058.3	87.2	275.1	1034.6	1981.9	1801.2
Valor de t_{cal}	NS	2.78*	4.05**	3.00*	2.62*	NS	2.78*	5.09**	3.01*	3.09*

Quadro 12 (b). Médias das variedades do índice de vigor do trigo-I para o primeiro e segundo anos

Época de sementeira →	Semeadura normal					Semeadura tardia				
DAA/ano	**17**	**24**	**31**	**38**	**45**	**17**	**24**	**31**	**38**	**45**
Primeiro	82.2	349.9	1122.5	2097.4	1915.34	112.0	331.7	933.3	1763.5	1602.38
Segundo	307.5	774.7	1483.8	2457.5	2310.0	92.2	397.3	1258.1	2240.9	2043.0
Valor de t_{cal}	5.15**	7.54**	2.86**	2.07*	2.49*	NS	NS	3.37**	3.35**	3.53**

HT- Tolerante ao calor; **HS**- Suscetível ao calor; **DAA**- Dias após a antese; **E**- Ambiente **SS- Sol**; **RH**- Humidade relativa; **CF**- Factores climáticos

** Significativo a p=0,01; * Significativo a p=0,05

O VI-I aumentou com a progressão dos estádios de desenvolvimento e maturação das sementes. Foi mais alto no estágio de maturidade fisiológica e diminuiu ainda mais. Nesta fase, WH 1021 e PBW 343 apresentaram o VI-I mais elevado em ambas as sementeiras do primeiro e do segundo ano, exceto Raj 3765 e WH 711, que registaram o VI-I mais elevado na sementeira tardia do primeiro ano (quadros 11 e 12).

Em média, a variedade tolerante apresentou um VI-I significativamente mais elevado aos 31, 38 e 45 DAA em ambas as sementeiras no primeiro ano. Do mesmo modo, no segundo ano, as variedades tolerantes também apresentaram um VI-I significativamente mais elevado em todas as fases do DAA, exceto aos 17 DAA, em ambas as sementeiras (Quadro 11a & 12a). Depois de agrupadas todas as variedades tolerantes e susceptíveis ao calor, no segundo ano todas as variedades apresentaram um VI-I de sementes superior ao do primeiro ano em todas as fases de ambas as sementeiras, exceto aos 17 e 24 DAA na sementeira tardia (Quadro 12b). No geral, as variedades tiveram maior VI-I em condições normais em todas as fases do que em condições de sementeira tardia em ambos os anos (Quadro 11 & 12). Os dados sobre a temperatura máxima e mínima mostram claramente que ambas foram mais elevadas nas condições de sementeira tardia do que nas normais. Também se verificou que era mais elevada no primeiro do que no segundo ano em todas as fases após a antese.

4.1.9 Peso seco das plântulas (SDW, mg)

O peso seco das plântulas é um componente no cálculo do índice de vigor-II. Inclui o peso seco da raiz e do rebento. Mostra o vigor do lote de sementes. A média de SDW de diferentes variedades de trigo tolerantes e susceptíveis ao calor em datas de amostragem tomadas em diferentes momentos do DAA é apresentada nos quadros 13 e 14. Sob sementeira normal no primeiro ano, o SDW (mg) da variedade WH 1100 (11 mg), WH 1021 (12,7 mg), WH 1080 (18,4 mg), WH 1021 (22,8, 21,7 mg) entre as variedades tolerantes ao calor, enquanto que, entre as susceptíveis, a variedade HD 2967 (10.2 mg), PBW 343, HD 2967 (11,2 mg), PBW 621 (15,2 mg), PBW 343 (19,4, 18,4 mg) foram registadas como mais elevadas em diferentes fases de 17, 24, 31, 38 e 45 DAA, respetivamente (Quadro 13). As variedades PBW 590 (5.8, 11.5), PBW 373 (15.0, 20.0) e Raj 3765 (18.9) entre as tolerantes, enquanto que, entre as susceptíveis, as variedades DBW 17 (4.1, 7.6), WH 711(10.6), HD 2965 (15.0, 14.4) registaram o menor SDW em diferentes fases do DAA. Sob semeadura tardia, o SDW das variedades WH 1021 (7,4), Raj 3765, PBW 373 (11), WH 1080 (16,8), WH 1021 (20,5), WH 1080 (19,4) entre as tolerantes, enquanto que, entre as suscetíveis, a variedade HD 2967 (4,3, 10,6) e PBW 343 (14,2, 18,4, 18,0) foram registradas como as mais altas em diferentes estágios do DAA. As variedades WH 1100 (3.1, 10.0), PBW 373 (14.2, 18.2, 17.2) entre as tolerantes, enquanto que, entre as susceptíveis, as variedades DBW 17 (3.2, 6.2, 10.0) e HD 2967 (12.9, 11.9) registaram os valores mais baixos para SDW em diferentes fases do DAA.

No segundo ano, sob sementeira normal, a variedade WH 1100 (5,2), Raj 3765 (10,2), WH 1021 (16,6, 23,6, 21,8) entre as variedades tolerantes, enquanto que, entre as susceptíveis, a variedade HD 2967 (4,9), PBW 343 (8,1, 14,2, 21,4, 19,4) registaram maior SDW em diferentes fases de 17, 24, 31, 38 e 45 DAA respetivamente (Quadro 14). Este valor foi mais baixo para as variedades WH 1021 (3,9), WH 1100, PBW 373,

WH 1100 (6,2), PBW 373 (13,8), Raj 3765 (20,4) e PBW 373 (16,3) entre as tolerantes, enquanto que, entre as susceptíveis, foram registadas as variedades DBW 17 (1,4), WH 147 (4,0), WH 711 (10,2) e HD 2967 (16,3, 14,3) em diferentes fases do DAA. Sob semeadura tardia, as variedades Raj 3765 (4.0, 9.5), WH 1021 (14.8, 23.0, 21.8) entre as tolerantes, enquanto que, entre as suscetíveis, as variedades WH 711 (5.8), PBW 343 (7.6), WH 147 (13.3) e PBW 343 (19, 18.0) tiveram maior SDW do que outras em diferentes estágios do DAA. As variedades WH 1080 (3.0), PBW 373 (5.0, 12.5) e PBW 590 (19.6, 18.3) tiveram o menor valor para peso seco de plântulas entre as tolerantes, enquanto que, entre as suscetíveis, WH 147 (1.3, 5.3) e WH 711 (10.0, 14.2, 14.0) em vários estágios do DAA.

O peso seco das plântulas aumentou com a progressão dos estádios de desenvolvimento e maturação das sementes. Foi mais alto nos estágios de maturidade fisiológica e depois diminuiu ainda mais. Nesta fase, entre as tolerantes WH 1021, o peso seco das plântulas foi o mais elevado, tanto na primeira como na segunda sementeira, enquanto que entre as susceptíveis PBW 343, o peso seco das plântulas foi o mais elevado (quadros 13 e 14).

Em média, as variedades tolerantes tiveram um SDW significativamente mais elevado do que as susceptíveis em todas as fases em ambas as condições de sementeira e em ambos os anos, exceto aos 17 DAA (primeiro ano) e 24 DAA (segundo ano) (Quadro 13a & 14a). Depois de agrupadas todas as variedades tolerantes e susceptíveis, no segundo ano todas as variedades apresentaram um SDW superior ao do primeiro ano aos 17 e 24 DAA em ambas as sementeiras (Quadro 14b).

Em geral, as variedades registaram um SDW mais elevado na sementeira normal em todas as fases do DAA do que na sementeira tardia em ambos os anos (quadros 13 e 14). Os dados sobre a temperatura máxima e mínima mostram claramente que ambas foram mais elevadas nas condições de sementeira tardia do que nas normais. Também foi encontrado maior no primeiro do que no segundo ano em todas as fases após a antese.

4.1.10 Índice de Vigor-II (VI-II)

O índice de vigor é um dos determinantes importantes do desempenho da cultura no campo. Rege diretamente o estabelecimento das plântulas no campo. O VI-II médio de diferentes variedades tolerantes e susceptíveis de trigo em datas de amostragem colhidas em diferentes épocas do DAA é apresentado nos quadros 15 e 16. Sob sementeira normal no primeiro ano, o VI-II das sementes das variedades WH 1100 (286, 712,5), WH 1021 (1295, 2166, 1974,7) entre as tolerantes, enquanto que, entre as susceptíveis, as variedades HD 2967 (193,8) e PBW 343 (582,4, 1140, 1746, 1619,2) foram as mais elevadas nas diferentes fases dos 17, 24, 31, 38, 45 DAA, respetivamente (quadro 15). As variedades PBW 373 (93,0), PBW 590 (391), PBW 373 (1020) e WH 1021 (2166, 1974,7) entre as tolerantes, enquanto que, entre as susceptíveis, as variedades DBW 17 (65,6, 304,0), WH 711 (657,2) e HD 2967 (1275,0, 1209,6) registaram os valores mais baixos para VI-II em diferentes fases dos DAA.

Tabela 13. Pesos secos das plântulas (mg) de diferentes variedades de trigo tolerantes e susceptíveis ao calor em sementeira normal e tardia no primeiro ano (Rabi 2012-13)

	Época de sementeira →	Semeadura normal (E1)							Semeadura tardia (E2)						
	DAA/Variedades	10	17	24	31	38	45	Meios de FC	10	17	24	31	38	45	Meios de FC
H T	**Raj 3765**	0.0	10.0	12.0	16.2	20.8	18.9		0.0	4.1	11.0	15.2	19.6	18.5	
	PBW-590	0.0	5.8	11.5	17.5	21.4	19.5		0.0	3.9	10.0	15.6	19.4	18.9	
	WH-1080	0.0	6.1	12.4	18.4	22.6	21.3		0.0	3.3	10.8	16.8	20.4	19.4	
	PBW-373	0.0	6.2	12.6	15.0	20.0	19.2		0.0	3.4	11.0	14.2	18.2	17.2	
	WH-1100	0.0	11.0	12.5	16.2	20.6	19.8		0.0	3.1	10.0	14.5	18.9	17.5	
	WH-1021	0.0	8.0	12.7	17.5	**22.8**	21.7		0.0	7.4	10.0	15.8	**20.5**	19.2	
H S	**PBW-343**	0.0	6.5	11.2	15.0	**19.4**	18.4		0.0	3.8	8.5	14.2	**18.4**	18.0	
	PBW-621	0.0	5.2	9.6	15.2	18.2	17.1		0.0	4.0	9.0	12.5	16.5	15.0	
	DBW-17	0.0	4.1	7.6	11.2	15.8	14.4		0.0	3.2	6.2	10.0	14.2	13.5	
	WH-147	0.0	7.9	10.5	12.8	17.4	16.4		0.0	3.8	9.5	11.4	15.4	13.7	
	HD-2967	0.0	10.2	11.2	13.8	15.0	14.4		0.0	4.3	10.6	10.9	12.9	11.9	
	WH-711	0.0	7.2	8.4	10.6	18.6	17.2		0.0	4.1	8.0	10.0	16.4	15.6	
C F	**T(máx)°C**	29.26	28.63	28.69	31.24	34.66	35.57	_31.34_	28.29	28.69	31.24	34.66	35.57	35.93	_32.40_
	T(min)°C	11.97	13.1	13.53	14.72	14.62	16.7	_14.11_	13.10	13.53	14.72	14.62	16.7	18.10	_15.13_
	Diff °C	17.29	15.53	15.16	16.52	20.04	18.87	_17.24_	15.19	15.16	16.52	20.04	18.87	17.83	_17.27_
	SS (hr)	8.30	9.10	7.20	8.30	9.70	9.10	_8.62_	8.40	7.20	8.30	9.70	9.10	8.30	_8.50_

| | RH (%) | 92.00 | 97.0 | 89.0 | 78.0 | 75.0 | 69.0 | *83.33* | 96.0 | 89.0 | 78.0 | 75.0 | 69.0 | 61.0 | *78.00* |

Tabela 13(a). Médias das variedades de trigo tolerantes e susceptíveis ao calor para o peso seco das plântulas (g) para ambas as sementeiras no primeiro ano (Rabi 2012-13)

Época de sementeira→	Semeadura normal					Semeadura tardia				
DAA/ Variedades	17	24	31	38	45	17	24	31	38	45
Tolerante ao calor	7.9	12.3	16.8	21.4	20.1	4.2	10.5	15.4	19.5	18.5
Sensível ao calor	6.9	9.8	13.1	17.4	16.3	3.9	8.6	11.5	15.6	14.6
Valor de t_{cal}	NS	3.96**	3.98**	4.77**	4.62**	NS	2.85*	5.03**	4.47**	4.10**

HT- Heat tolerant; **HS**- Heat susceptible; **DAA**- Days after anthesis; **E**- Environment **SS-Sunshine**; **RH**- Relative humidity; **CF**- Climatic factors ** Significativo a p=0,01; * Significativo a p=0,05

Tabela 14. Pesos secos das plântulas (g) de diferentes variedades de trigo tolerantes e susceptíveis ao calor em sementeira normal e tardia no segundo ano (Rabi 2013-14)

Época de sementeira →		Semeadura normal (E3)							Semeadura tardia (E4)						
	DAA/Variedades	10	17	24	31	38	45	Meios de FC	10	17	24	31	38	45	Meios de FC
HT	Raj 3765	0.0	4.5	10.2	14.5	20.4	17.8		0.0	4.0	9.5	13.8	20.0	19.0	
	PBW-590	0.0	5.1	9.0	14.2	21.3	18.9		0.0	3.9	8.2	13.5	19.6	18.3	
	WH-1080	0.0	4.1	8.5	15.2	22.4	19.6		0.0	3.0	8.0	14.2	20.7	19.6	
	PBW-373	0.0	4.5	6.2	13.8	22.5	16.3		0.0	3.9	5.0	12.5	19.6	18.6	
	WH-1100	0.0	5.2	6.2	15.3	22.6	20.5		0.0	3.1	6.0	14.5	21.2	18.9	
	WH-1021	0.0	3.9	8.0	16.6	23.6	21.8		0.0	5.2	7.5	14.8	23.0	21.8	
HS	PBW-343	0.0	2.3	8.1	14.2	21.4	19.4		0.0	3.7	7.6	13.2	19.0	18.0	
	PBW-621	0.0	1.8	6.7	13.5	17.4	15.4		0.0	3.1	5.9	12.0	16.2	15.7	
	DBW-17	0.0	1.4	4.5	12.4	16.4	14.5		0.0	2.2	6.5	11.0	16.0	14.6	
	WH-147	0.0	1.9	4.0	13.0	18.5	16.8		0.0	1.3	5.3	13.3	17.0	15.8	
	HD-2967	0.0	4.9	6.5	11.0	16.3	14.3		0.0	2.1	5.2	10.5	15.3	15.1	

CF	WH-711	0.0	4.2	6.7	10.2	16.9	14.6		0.0	5.8	7.5	10.0	14.2	14.0	
	T(máx)°C	24.70	25.90	28.70	28.20	31.40	32.50	*28.57*	28.75	28.70	28.20	31.40	32.50	34.04	*30.60*
	T(min)°C	8.80	11.50	13.90	15.00	14.30	14.70	*13.03*	13.25	13.80	15.00	14.30	14.70	17.68	*14.79*
	Diff °C	15.90	14.40	14.80	13.20	17.10	17.80	*15.53*	15.50	14.90	13.20	17.10	17.80	16.36	*15.81*
	SS (hr)	10.00	8.30	7.20	6.70	9.90	9.80	*8.65*	9.65	7.80	6.70	9.90	9.80	9.00	*8.81*
	RH (%)	89.50	91.80	86.90	84.40	79.20	88.30	*86.68*	93.00	88.20	84.40	79.20	88.30	68.60	*83.62*

Tabela 14(a). Médias de variedades de trigo tolerantes e susceptíveis ao calor para pesos secos de plântulas (g) para ambas as sementeiras no segundo ano (Rabi 2013-14)

Época de sementeira➔	Semeadura normal					Semeadura tardia				
DAA/ Variedades	17	24	31	38	45	17	24	31	38	45
Tolerante ao calor	4.6	8.0	14.9	22.1	19.2	3.9	7.4	13.9	20.7	19.4
Sensível ao calor	2.8	6.1	12.4	17.8	15.8	3.0	6.3	11.7	16.3	15.5
Valor de t_{cal}	2.88*	NS	3.43**	4.74**	2.93*	NS	NS	3.35**	5.17**	5.00**

Quadro 14(b). Médias das variedades de trigo para o peso seco das plântulas (g) no primeiro e segundo anos

Época de sementeira➔	Semeadura normal					Semeadura tardia				
DAA/ano	17	24	31	38	45	17	24	31	38	45
Primeiro	7.4	11.0	15.0	19.4	18.2	4.0	9.6	13.4	17.6	16.5
Segundo	3.7	7.1	13.7	20.0	17.5	3.4	6.9	12.8	18.5	17.5
Valor de t_{cal}	5.01**	5.56**	NS	NS	NS	5.01*	4.66**	NS	NS	NS

HT- Heat tolerant; **HS-** Heat susceptible; **DAA-** Days after anthesis; **E-** Environment **SS-Sunshine**; **RH-** Relative humidity; **CF-** Climatic factors ** Significativo a p=0,01; * Significativo a p=0,05

Sob semeadura tardia, as variedades WH 1021 (162,8), Raj 3765 (440), WH 1021 (1106, 1845, 1670,4) entre as tolerantes, enquanto que, entre as suscetíveis, a variedade PBW 343 (79,8, 280,5, 923, 1545,6, 1476,0) apresentou o maior VI-II em diferentes estágios do DAA. Novamente sob semeadura tardia, a variedade PBW 373 estava tendo o menor VI-II (47,6, 286, 866,2 e 1674,4) em todos os estágios do DAA, exceto aos 45 DAA. Nesse estágio, a variedade WH 1100 (1487,5) apresentou o menor VI-II entre as tolerantes. Entre os suscetíveis, as variedades DBW 17 (32.0, 173.6), HD 2967 (566.8, 1096.5, 975.8) registraram o menor VI-II de sementes em diferentes estágios do DAA.

No segundo ano, sob semeadura normal, a variedade WH 1100 (208,0), Raj 3765 (612,0, 1290,5), WH 1021 (2289,2, 2071) entre as tolerantes, enquanto que, entre as suscetíveis, a variedade WH 711 (126), PBW 343 (405, 1065, 1968,8, 1726,6) registraram o maior VI-II em diferentes estágios de 17, 24, 31, 38 e 45 DAA respetivamente (Tabela 16). O VI-II foi mais baixo para as variedades WH 1080 (102,5), PBW 373 (322,5, 1035), Raj 3765 (1938,0) e PBW 373 (1499,6) entre as tolerantes, enquanto que, entre as susceptíveis, o VI-II foi mais baixo para a variedade WH 147 (22,8, 168,0) HD 29679 (693,0), DBW 17 (1459,6) e HD 2967 (1229,8) em diferentes estádios de DAA.

Sob sementeira tardia, as variedades Raj 3765 (160, 570), WH 1021 (1154.4, 2208.0, 2049.2) entre as tolerantes, enquanto que, entre as susceptíveis, as variedades WH 711 (104.4), PBW 343 (448.4), WH 147 (997.5), PBW 343 (1710, 1584) registaram VI-II mais elevado em diferentes fases do DAA. As variedades WH 1080 (45,0), PBW 373 (250,0, 937,5, 1783,6), WH 1100 (1600,8) entre as tolerantes, enquanto que, entre as suscetíveis, as variedades WH 147 (15,6), HD 2967 (182,0), WH 711 (650, 1235,4, 1190,0) em vários DAA apresentaram o menor VI-II.

O índice de vigor-II aumentou com a progressão dos estádios de desenvolvimento e maturação das sementes. Foi mais elevado no estádio de maturidade fisiológica e depois diminuiu ainda mais. Nesta fase, WH 1021 (tolerante ao calor)

Tabela 15. Índice de vigor-II de diferentes variedades de trigo tolerantes e susceptíveis ao calor em sementeira normal e tardia no primeiro ano (Rabi 2012-13)

	Época de sementeira	Semeadura normal (E1)							Semeadura tardia (E2)						
	DAA/Variedades	**10**	**17**	**24**	**31**	**38**	**45**	**Meios de FC**	**10**	**17**	**24**	**31**	**38**	**45**	**Meios de FC**
H T	**Raj 3765**	0.0	270.0	660.0	1279.8	1996.8	1719.9		0.0	90.2	440.0	1033.6	1842.4	1628.0	
	PBW-590	0.0	98.6	391.0	1260.0	1926.0	1755.0		0.0	66.3	320.0	982.8	1687.8	1587.6	
	WH-1080	0.0	97.6	682.0	1232.8	2056.6	1874.4		0.0	52.8	378.0	974.4	1795.2	1649.0	
	PBW-373	0.0	93.0	478.8	1020.0	1880.0	1651.2		0.0	47.6	286.0	866.2	1674.4	1530.8	
	WH-1100	0.0	286.0	712.5	1231.2	1915.8	1801.8		0.0	89.9	400.0	986.0	1682.1	1487.5	
	WH-1021	0.0	208.0	635.0	1295.0	**2166.0**	1974.7		0.0	162.8	400.0	1106.0	**1845.0**	1670.4	
H S	**PBW-343**	0.0	162.5	582.4	1140.0	**1746.0**	1619.2		0.0	79.8	280.0	923.0	**1545.6**	1476.0	
	PBW-621	0.0	78.0	384.0	1094.4	1638.0	1453.5		0.0	60.0	180.0	750.0	1402.5	1230.0	

	DBW-17	0.0	65.6	304.0	772.8	1390.4	1252.8		0.0	32.0	173.6	580.0	1192.8	1120.5	
	WH-147	0.0	134.3	336.0	793.6	1513.8	1344.8		0.0	41.8	199.5	615.6	1293.6	1137.1	
	HD-2967	0.0	193.8	425.6	828.0	1275.0	1209.6		0.0	51.6	265.0	566.8	1096.5	975.8	
	WH-711	0.0	130.0	310.8	657.2	1581.0	1444.8		0.0	41.0	200.0	580.0	1361.2	1248.0	
CF	T(máx)°C	29.26	28.63	28.69	31.24	34.66	35.57	***31.34***	28.29	28.69	31.24	34.66	35.57	35.93	***32.40***
	T(min)°C	11.97	13.1	13.53	14.72	14.62	16.7	***14.11***	13.10	13.53	14.72	14.62	16.7	18.10	***15.13***
	Diff °C	17.29	15.53	15.16	16.52	20.04	18.87	***17.24***	15.19	15.16	16.52	20.04	18.87	17.83	***17.27***
	SS (hr)	8.30	9.10	7.20	8.30	9.70	9.10	***8.62***	8.40	7.20	8.30	9.70	9.10	8.30	***8.50***
	RH (%)	92.0	97.0	89.00	78.00	75.00	69.00	***83.33***	96.0	89.00	78.00	75.00	69.00	61.00	***78.00***

Quadro 15(a). Médias de variedades de trigo tolerantes e susceptíveis ao calor para o índice de vigor-II para ambas as sementeiras no primeiro ano (Rabi 2012-13)

Época de sementeira	**Semeadura normal**					**Semeadura tardia**				
DAA/ Variedades	**17**	**24**	**31**	**38**	**45**	**17**	**24**	**31**	**38**	**45**
Tolerante ao calor	166.2	591.6	1220.8	1990.7	1796.0	84.0	371.6	992.6	1755.0	1592.9
Sensível ao calor	125.6	388.4	875.5	1522.5	1386.9	50.9	218.7	665.1	1315.8	1198.6
Valor de t_{cal}	**NS**	**3.00***	**3.82****	**5.67****	**5.28****	**NS**	**5.19****	**4.87****	**6.02****	**5.31****

HT- Heat tolerant; **HS**- Heat susceptible; **DAA**- Days after anthesis; **E**- Environment **SS- Sunshine**; **RH**- Relative humidity; **CF**- Climatic factors ** Significativo a p=0,01; * Significativo a p=0,**05**

Tabela 16. Índice de vigor-II de diferentes variedades de trigo tolerantes e susceptíveis ao calor em sementeira normal e tardia no segundo ano (Rabi 2013-14)

Época de sementeira		Semeadura normal (E3)							Semeadura tardia (E4)						
	DAA/Variedades	**10**	**17**	**24**	**31**	**38**	**45**	**Meios de FC**	**10**	**17**	**24**	**31**	**38**	**45**	**Meios de FC**
H T	**Raj 3765**	0.0	112.5	612.0	1290.5	1938.0	1655.4		0.0	160.0	570.0	1076.4	1860.0	1729.0	
	PBW-590	0.0	178.5	540.0	1235.4	2002.2	1738.8		0.0	97.5	451.0	1012.5	1783.6	1628.7	
	WH-1080	0.0	102.5	425.0	1170.4	2038.4	1705.2		0.0	45.0	360.0	1136.0	1842.3	1705.2	
	PBW-373	0.0	139.5	322.4	1035.0	2137.5	1499.6		0.0	78.0	250.0	937.5	1783.6	1636.8	
	WH-1100	0.0	208.0	328.6	1178.1	2011.4	1783.5		0.0	65.1	294.0	1116.5	1844.4	1600.8	
	WH-1021	0.0	156.0	440.0	1245.0	**2289.2**	2071.0		0.0	130.0	300.0	1154.4	**2208.0**	2049.2	
H S	**PBW-343**	0.0	71.3	405.0	1065.0	**1968.8**	1726.6		0.0	92.5	448.4	990.0	**1710.0**	1584.0	
	PBW-621	0.0	45.0	402.0	1012.5	1531.2	1324.4		0.0	62.0	342.2	864.0	1409.4	1318.8	
	DBW-17	0.0	35.0	198.0	954.8	1459.6	1261.5		0.0	22.0	195.0	770.0	1392.0	1241.0	
	WH-147	0.0	22.8	168.0	910.0	1609.5	1428.0		0.0	15.6	212.0	997.5	1445.0	1311.4	
	HD-2967	0.0	83.3	260.0	693.0	1467.0	1229.8		0.0	21.0	182.0	808.5	1331.1	1276.0	
	WH-711	0.0	126.0	335.0	744.6	1521.0	1284.8		0.0	104.4	262.5	650.0	1235.4	1190.0	
C F	**T(máx) °C**	24.7	25.90	28.70	28.20	31.40	32.50	*28.57*	28.75	28.70	28.20	31.40	32.50	34.04	*30.60*
	T(min) °C	8.80	11.50	13.90	15.00	14.30	14.70	*13.03*	13.25	13.80	15.00	14.30	14.70	17.68	*14.79*

	Diff °C	15.9	14.40	14.80	13.20	17.10	17.80	_**15.53**_	15.5	14.90	13.20	17.10	17.80	16.36	_**15.81**_
	SS (hr)	10.0	8.30	7.20	6.70	9.90	9.80	_**8.65**_	9.65	7.80	6.70	9.90	9.80	9.00	_**8.81**_
	RH (%)	89.5	91.80	86.90	84.40	79.20	88.30	_**86.68**_	93.0	88.20	84.40	79.20	88.30	68.60	_**83.62**_

Quadro 16(a). Médias de variedades de trigo tolerantes e susceptíveis ao calor para o índice de vigor-II para ambas as sementeiras no segundo ano (Rabi 2013-14)

Época de sementeira	Semeadura normal					Semeadura tardia				
DAA/ Variedades	**17**	**24**	**31**	**38**	**45**	**17**	**24**	**31**	**38**	**45**
Tolerante ao calor	148.6	440.9	1194.7	2069.5	1742.7	93.7	367.1	1071.3	1885.6	1722.7
Sensível ao calor	64.2	290.0	893.7	1591.6	1374.9	48.0	271.3	843.9	1419.4	1319.0
Valor de t_{cal}	**3.81****	**2.39***	**4.19****	**5.09****	**3.40****	**NS**	**NS**	**3.51****	**5.04****	**4.59****

Quadro 16(b). Médias das variedades de trigo para o índice de vigor-II no primeiro e segundo anos

Época de sementeira	Semeadura normal					Semeadura tardia				
DAA/ano	**17**	**24**	**31**	**38**	**45**	**17**	**24**	**31**	**38**	**45**
Primeiro	151.4	491.8	1050.4	1757.1	1591.8	68.0	293.6	830.4	1534.9	1395.1
Segundo	106.7	369.7	1044.5	1831.2	1559.1	74.4	322.3	959.4	1653.7	1522.6
Valor de t_{cal}	**NS**	**2.10***	**NS**	**NS**	**NS**	**NS**	**NS**	**NS**	**NS**	**NS**

HT- Heat tolerant; **HS-** Heat susceptible; **DAA-** Days after anthesis; **E-** Environment **SS-Sunshine**; **RH-** Relative humidity; **CF-** Climatic factors ** Significativo a p=0,01; * Significativo a p=0,**05**

e PBW 343 (suscetível ao calor) com VI-II mais elevado no primeiro ano e no segundo ano em ambas as condições de sementeira (quadros 15 e 16).

Em média, as variedades tolerantes apresentaram um VI-II significativamente mais elevado aos 31, 38 e 45 DAA em ambas as sementeiras no primeiro ano. Do mesmo modo, no segundo ano, as variedades tolerantes também apresentaram um VI-II significativamente mais elevado em todas as fases do DAA, exceto aos 17 DAA, em ambas as sementeiras (Quadro 15a & 16a). Depois de agrupadas todas as variedades tolerantes e susceptíveis, no segundo ano todas as variedades apresentaram um VI-II de sementes superior ao do primeiro ano em todas as fases em ambas as condições de sementeira, exceto aos 17 e 24 DAA na sementeira tardia (Quadro 16b). Em geral, as variedades têm um VI-II mais elevado na sementeira normal em todas as fases do que na sementeira tardia em ambos os anos (Quadro 15 e 16). Os dados sobre as temperaturas máxima e mínima mostram claramente que ambas são mais elevadas nas sementeiras tardias do que nas normais. Também se verificou que foi mais elevada no primeiro do que no segundo ano em todas as fases após a antese.

4.1.11 Relação entre os factores climáticos e os parâmetros de vigor das sementes.

De acordo com os coeficientes de correlação como dado na Tabela 16(c), no primeiro ano o peso da semente (0.999**), germinação padrão (1.000**), comprimento da plântula (1.000**), índice de vigor-I (1.000**), peso seco da plântula (1.000**), índice de vigor-II (1.000**) tiveram uma correlação negativa altamente significativa com a temperatura máxima média durante o desenvolvimento e maturação da semente. Mas, com o teor de humidade das sementes (1.000**), a correlação foi positiva. Mais uma vez estes parâmetros i.e. peso da semente (1.000**), germinação padrão (1.000**), comprimento da plântula (1.000**), índice de vigor-I (1.000**), peso seco da plântula (1.000**), índice de vigor-II (1.000**) tiveram uma correlação negativa altamente significativa com a temperatura mínima média enquanto que com o conteúdo de humidade da semente (1.000**), foi significativo mas positivo. Estes parâmetros também têm uma correlação negativa com a diferença da temperatura máxima e mínima, exceto o teor de humidade das sementes. Com a hora de sol e a humidade relativa, estes parâmetros têm o mesmo valor de correlação significativa e positiva de 0,999** e 1,000**, respetivamente.

Durante o segundo ano (quadro 16d) também foram encontrados coeficientes de correlação semelhantes entre os factores climáticos e os parâmetros de vigor das sementes.

4.1.12 Estabilidade térmica da membrana na antese (MT, μS/cm/folha)

O stress causado por temperaturas elevadas provoca alterações nas funções da membrana, principalmente devido à alteração da integridade da membrana. Nas células vegetais, a função da membrana é especialmente importante para os processos baseados na membrana, como a fotossíntese e a respiração. Três ensaios habitualmente utilizados para avaliar a tolerância ao calor nas plantas estão relacionados com processos baseados nas membranas (Blum, 1988): plasmalema (ensaio CMS), membranas fotossintéticas (ensaio de fluorescência da clorofila) e membranas mitocondriais (ensaio de viabilidade celular baseado na redução do TTC). A estabilidade da membrana celular (CMS) sob stress térmico após um tratamento de pré-endurecimento tem sido amplamente aceite como uma técnica adequada para estimar a termotolerância celular das plantas (revisto por Blum, 1988; Kuo *et al.*, 1992). Este método foi anteriormente aplicado ao trigo (Blum & Ebercon, 1981; Saadalla *et al.*, 1990; Fokar *et al.*, 1998).

A média da estabilidade térmica da membrana em datas de amostragem tomadas em diferentes momentos do DAA é apresentada na Tabela 17. Sob sementeira normal no primeiro ano, a estabilidade térmica da membrana para a variedade Raj 3765 (0,755, 0,968) para ambas as condições de sementeira entre as variedades tolerantes ao calor, enquanto que, entre as variedades susceptíveis ao calor WH 711 (0,660), PBW 343 (0,771) foram registadas MT mais baixas em sementeira normal e tardia, respetivamente.

No segundo ano, tanto na sementeira normal como na tardia, a variedade Raj 3765 (0,664, 0,787) registou uma menor TM entre as tolerantes (Quadro 17). Entre as variedades susceptíveis, a WH 147 (0,729) registou uma MT inferior às outras. Na sementeira tardia, a variedade PBW 621 (0,562) registou uma TM inferior às outras entre as susceptíveis ao calor.

Em sementeira normal e no primeiro ano, a variedade PBW 590 (0,347) entre as tolerantes, enquanto que, entre as susceptíveis, a variedade PBW 343 (0,146) registou a MT mais elevada (Quadro 17). Na sementeira tardia, a variedade WH 1100 (0,548) entre as tolerantes, enquanto que, entre as susceptíveis, a variedade WH 147 (0,409) registou a MT mais elevada.

No segundo ano, sob sementeira normal, a MT para a variedade PBW 590 (0,222) entre as tolerantes, enquanto que, entre as susceptíveis, a variedade HD 2967 (0,238) foi a que teve a MT mais elevada (Quadro 17). Na sementeira tardia, a variedade PBW 590 (0,335) entre as tolerantes, enquanto que, entre as susceptíveis, a variedade PBW 343 (0,367) registou a MT mais elevada. Não há diferença significativa entre as variedades tolerantes ao calor e as susceptíveis no que respeita à TM (quadro 18a).

4.1.13 Ensaio de fluorescência da clorofila

A fluorescência média da clorofila nas datas de amostragem efectuadas em diferentes momentos do DAA é apresentada no Quadro 18. Em ambas as semeaduras no primeiro ano, a fluorescência da clorofila foi maior para a variedade PBW 590 (0,738, 0,760) entre as tolerantes. A variedade HD 2967 (0,753, 0,762) apresentou maior fluorescência da clorofila entre as susceptíveis, tanto na sementeira normal como na tardia. A variedade WH 1021 (0,669) entre as tolerantes, enquanto que, entre as susceptíveis, a variedade PBW 621 (0,654) apresentou a menor fluorescência da clorofila (Quadro 18). Sob semeadura tardia, WH 1021 e Raj 3765 (0,712) apresentaram a menor fluorescência da clorofila entre as tolerantes. Entre as susceptíveis, a DBW 17 (0,689) registou a fluorescência da clorofila mais elevada.

No segundo ano, tanto na sementeira normal como na tardia, o PBW 590 (0,696, 0,725) registou uma fluorescência da clorofila mais elevada entre os tolerantes (Quadro

Tabela 16(c). Coeficientes de correlação entre os factores climáticos e os parâmetros de vigor no primeiro ano (Rabi 2012-13)

	SW	SMC	SG	SL	V-I	SD	V-II	Tmax	Tmin	D	SS	RH

	SW	SMC	SG	SL	V-I	SD	V-II	Tmax	Tmin	D	SS	RH
SW												
SMC	-1.000**											
SG	1.000**	-1.000**										
SL	1.000**	-1.000**	1.000**									
V-I	1.000**	-1.000**	1.000**	1.000**								
SD	1.000**	-1.000**	1.000**	1.000**	1.000**							
V-II	1.000**	-1.000**	1.000**	1.000**	1.000**	1.000**						
Tmax	-0.999**	1.000**	-1.000**	-1.000**	-1.000**	-1.000**	-1.000**					
Tmin	-1.000**	1.000**	-1.000**	-1.000**	-1.000**	-1.000**	-1.000**	1.000**				
D	-1.000**	1.000**	-1.000**	-1.000**	-1.000**	-1.000**	-1.000**	1.000**	1.000**			
SS	1.000**	-0.999**	0.999**	0.999**	0.999**	0.999**	0.999**	-0.999**	-0.999**	-1.000**		
RH	1.000**	-1.000**	1.000**	1.000**	1.000**	1.000**	1.000**	-1.000**	-1.000**	-1.000**	0.999**	

Tabela 16(d). Coeficientes de correlação entre factores climáticos e parâmetros de vigor no segundo ano (Rabi 2013-14)

	SW	SMC	SG	SL	V-I	SD	V-II	Tmax	Tmin	D	SS	RH
SW												
SMC	-1.000**											
SG	1.000**	-1.000**										
SL	1.000**	-1.000**	1.000**									
V-I	1.000**	-1.000**	1.000**	1.000**								
SD	1.000**	-1.000**	1.000**	1.000**	1.000**							
V-II	1.000**	-1.000**	1.000**	1.000**	1.000**	1.000**						
Tmax	-0.989**	1.000**	-1.000**	-1.000**	-1.000**	-1.000**	-1.000**					

Tmin	-1.000**	1.000**	-1.000**	-1.000**	-1.000**	-1.000**	-1.000**	1.000**				
D	-1.000**	1.000**	-1.000**	-1.000**	-1.000**	-1.000**	-1.000**	1.000**	1.000**			
SS	1.000**	-0.989**	0.989**	0.989**	0.989**	0.989**	0.989**	-0.989**	-0.989**	-1.000**		
RH	1.000**	-1.000**	1.000**	1.000**	1.000**	1.000**	1.000**	-1.000**	-1.000**	-1.000**	0.989**	

SW- Peso de 100 sementes; **SMC-** Teor de humidade **das sementes**; SG- Germinação padrão; SL-Comprimento **da plântula**; **V I-** Índice de vigor-I; **V II-** Índice de vigor; **Tmax-** Temperatura máxima; **Tmin-** Temperatura **mínima**; **D-Tmax-Tmin**; SS- Sol; **RH-** Humidade relativa

** Significativo a p=0,01; * Significativo a p=0,05

Tabela 17. Médias da condutividade dos lixiviados das folhas (µS/cm/folha) para a estabilidade térmica da membrana para variedades tolerantes e susceptíveis ao calor

Ano de sementeira		Primeiro		Segundo	
	Época de sementeira /Variedade	NS	LS	NS	LS
HT	**Raj 3765**	**0.755**	**0.968**	**0.664**	**0.787**
	PBW-590	0.347	0.581	0.222	0.335
	WH-1080	0.685	0.761	0.575	0.623
	PBW-373	0.625	0.626	0.575	0.627
	WH-1100	0.413	0.548	0.366	0.461
	WH-1021	0.644	0.673	0.554	0.569
HS	**PBW-343**	0.146	**0.771**	0.264	0.367
	PBW-621	0.509	0.674	0.433	**0.562**
	DBW-17	0.511	0.562	0.475	0.508
	WH-147	0.742	0.409	**0.729**	0.513
	HD-2967	0.272	0.464	0.238	0.404
	WH-711	**0.660**	0.459	0.602	0.446
CF	**T(máx)°C**	28.80	29.40	25.04	27.70
	T(min)°C	9.86	12.59	10.79	11.81

	Diff °C	18.94	16.81	14.25	15.89
	SS (hr)	9.60	8.10	8.14	8.98
	RH (%)	89.50	89.88	91.88	79.25

HT- Tolerante ao calor; **HS-** Sensível ao calor; **NS-Sementes normais**; LS- Sementes **tardias**; **CF-** Factores climáticos

Tabela 18. Médias da fluorescência da clorofila para as variedades tolerantes e susceptíveis ao calor

	Ano de sementeira →	Primeiro		Segundo	
	Época de sementeira/variedade	NS	LS	NS	LS
HT	**Raj 3765**	0.693	0.712	0.686	0.702
	PBW-590	**0.738**	**0.760**	**0.696**	**0.725**
	WH-1080	0.680	0.695	0.690	0.713
	PBW-373	0.708	0.732	0.681	0.700
	WH-1100	0.673	0.736	0.688	0.712
	WH-1021	0.669	0.712	0.661	0.702
HS	**PBW-343**	0.721	0.735	**0.710**	**0.753**
	PBW-621	0.654	0.705	0.678	0.715
	DBW-17	0.676	0.689	0.681	0.708
	WH-147	0.674	0.742	0.696	0.723
	HD-2967	**0.753**	**0.762**	0.684	0.720
	WH-711	0.711	0.741	0.686	0.712
CF	**T(máx)°C**	28.80	29.40	25.04	27.70
	T(min)°C	9.86	12.59	10.79	11.81
	Diff °C	18.94	16.81	14.25	15.89
	SS (hr)	9.60	8.10	8.14	8.98
	RH (%)	89.50	89.88	91.88	79.25

HT- Tolerante ao calor; **HS-** Sensível ao calor; **NS-Sementes normais**; LS- Sementes **tardias**; **CF-** Factores climáticos

18). Entre os susceptíveis, a variedade PBW 343 (0,710, 0,753) registou uma fluorescência da clorofila mais elevada do que as outras em ambas as sementeiras.

A variedade WH 1021 (0,661) entre as variedades tolerantes, enquanto que, entre as susceptíveis, a variedade DBW 17 (0,681) registou a menor fluorescência da clorofila. Na sementeira tardia, a variedade PBW 373 (0,700) entre as tolerantes, enquanto que, entre as susceptíveis, a variedade DBW 17 (0,708) registou a fluorescência da clorofila mais baixa. Não há diferença significativa entre as variedades tolerantes ao calor e as susceptíveis no que respeita à fluorescência da clorofila (Quadro 18).

4.1.14 Atividade da desidrogenase (DHA, OD)

A atividade média da desidrogenase de diferentes variedades de trigo tolerantes e susceptíveis ao calor, em datas de amostragem colhidas em diferentes momentos do DAA, é apresentada nos quadros 19 e 20. Sob semeadura normal no primeiro ano, a DHA foi maior para PBW 373 (0,178, 0,198) e WH 1021 (0,333, 0,401, 0,458, 0,441) entre as tolerantes e para HD 2967 (0,125, 0,167, 0,261, 0,318, 0,389, 0,383) entre as suscetíveis em diferentes estágios de 10, 17, 24, 31, 38 e 45 DAA, respetivamente (Tabela 19). As variedades WH 1100 (0,134), WH 1080 (0,177), WH 1100 (0,260, 0,327, 0,398, 0,392) entre as tolerantes, enquanto que, entre as suscetíveis, as variedades WH 711 (0,97), WH 147 (0,151), PBW 621 (0,224, 0,295, 0,361) e WH 711 (0,350) registraram o menor DHA em diferentes estágios de DAA. Sob semeadura tardia, o DHA do WH 1021 (0,140, 0,182, 0,321, 0,389, 0,412, 0,398) entre os tolerantes, enquanto que, entre os suscetíveis, a variedade HD 2967 (0,099), PBW 621 (0,154), HD 2967 (0,235, 0,296, 0,363, 0,355) registraram o maior DHA em diferentes estágios do DAA. As variedades WH 1100 (0,120), Raj 3765 (0,155), WH 1080 (0,246), WH 1100 (0,313,

0,384, 0,376) entre as tolerantes, enquanto que, entre as suscetíveis, as variedades WH 711 (0,082), WH 147 (0,130), PBW 621 (0,217), WH 147 (0,275, 0,344, 0,338) registraram o menor DHA em diferentes estágios do DAA.

No segundo ano, sob sementeira normal, as variedades PBW 373 (0,169), WH 1021 (0,192, 0,330, 0,431, 0,462, 0,432) entre as tolerantes, enquanto que, entre as susceptíveis, a variedade HD 2967 (0,136, 0,188, 0,265, 0,334, 0,409, 0,395) registou um DHA mais elevado do que as outras em diferentes fases de 10, 17, 24, 31, 38 e 45 DAA, respetivamente (Quadro 20). O DHA foi mais baixo para as variedades WH 1100 (0,131), WH 1080 (0,172), WH 1100 (0,255), WH 1080 (0,335), WH 1100 (0,396) e WH 1080 (0,391) entre as tolerantes, enquanto que, entre as suscetíveis, foi para a variedade PBW 621 (0,108, 0,171, 0,237 e 0,321) e WH 711 (0,381, 0,376) em diferentes estágios de DAA. Sob a semeadura tardia, a variedade WH 1021 (0,135, 0,185, 0,311, 0,380, 0,420, 0,405) entre as tolerantes, enquanto que, entre as suscetíveis, as variedades PBW 343 (0,120, 0,155), DBW 17 (0,244), WH 147 (0,313), HD 2967 (0,383, 0,375) apresentaram o maior DHA em diferentes estágios do DAA. Sob semeadura tardia, as variedades WH 1080 (0,120, 0,150, 0,238), WH 1100 (0,323, 0,380, 0,365) entre as tolerantes, enquanto que, entre as suscetíveis, as variedades WH 711 (0,098), PBW 621 (0,135), WH 147 (0,215), PBW 621 (0,300, 0,374), WH 147 (0,365) registraram o menor DHA em diferentes estágios do DAA.

A atividade da desidrogenase aumentou com a progressão das fases de desenvolvimento e maturação das sementes. Foi mais elevada na maturidade fisiológica e depois diminuiu ainda mais.

Nesta fase, WH 1021 (0.458, 0.412, 0.462, 0.432) estava a ter o maior DHA entre os tolerantes em ambas as sementeiras, tanto no primeiro como no segundo ano. Entre as susceptíveis, a HD 2967 (0,389, 0,363, 0,409, 0,383) apresentou o DHA mais elevado em ambas as sementeiras, tanto no primeiro como no segundo ano.

Em média, as variedades tolerantes apresentaram DHA significativamente mais elevado em todos os DAA em ambas as sementeiras no primeiro ano, enquanto que no segundo ano aos 10, 24 e 31 DAA em condições normais e aos 10, 17, 24, 31 DAA em condições de sementeira tardia (Quadro 19a & 20a). Depois de agrupar todas as variedades tolerantes e susceptíveis ao calor como

Tabela 19. Atividade da desidrogenase (OD) de diferentes variedades de trigo tolerantes e susceptíveis ao calor em sementeira normal e tardia no primeiro ano (Rabi 2012-13)

	Época de → sementeira	Semeadura normal (E1)						Média de FC	Semeadura tardia (E2)						Média de FC
	DAA/Varieda des	10	17	24	31	38	45		10	17	24	31	38	45	
H T	**Raj 3765**	0.161	0.191	0.287	0.357	0.425	0.416		0.125	0.155	0.251	0.321	0.389	0.381	
	PBW-590	0.148	0.187	0.279	0.349	0.412	0.408		0.131	0.170	0.262	0.332	0.395	0.386	
	WH-1080	0.141	0.177	0.264	0.354	0.405	0.399		0.123	0.159	0.246	0.336	0.387	0.380	
	PBW-373	0.178	0.198	0.307	0.380	0.442	0.437		0.137	0.157	0.266	0.339	0.405	0.391	
	WH-1100	0.134	0.178	0.264	0.327	0.398	0.392		0.120	0.164	0.250	0.313	0.384	0.386	
	WH-1021	0.152	0.194	0.333	0.401	**0.458**	0.441		0.140	0.182	0.321	0.389	**0.412**	0.398	
HS	**PBW-343**	0.117	0.157	0.246	0.310	0.381	0.374		0.098	0.138	0.227	0.291	0.362	0.352	
	PBW-621	0.097	0.161	0.224	0.295	0.361	0.353		0.090	0.154	0.217	0.288	0.354	0.344	
	DBW-17	0.108	0.153	0.246	0.313	0.372	0.362		0.087	0.132	0.225	0.292	0.351	0.342	
	WH-147	0.101	0.151	0.239	0.296	0.365	0.357		0.080	0.130	0.218	0.275	0.344	0.338	
	HD-2967	0.125	0.167	0.261	0.318	**0.389**	0.383		0.099	0.141	0.235	0.296	**0.363**	0.355	

	WH-711	0.097	0.158	0.249	0.298	0.361	0.350		0.082	0.143	0.234	0.283	0.346	0.339	
CF	T(máx)°C	29.26	28.63	28.69	31.24	34.66	35.57	*31.34*	28.29	28.69	31.24	34.66	35.57	35.93	*32.40*
	T(min)°C	11.97	13.1	13.53	14.72	14.62	16.7	*14.11*	13.10	13.53	14.72	14.62	16.7	18.10	*15.13*
	Diff °C	17.29	15.53	15.16	16.52	20.04	18.87	*17.24*	15.19	15.16	16.52	20.04	18.87	17.83	*17.27*
	SS (hr)	8.30	9.10	7.20	8.30	9.70	9.10	*8.62*	8.40	7.20	8.30	9.70	9.10	8.30	*8.50*
	RH (%)	92.00	97.00	89.00	78.00	75.00	69.00	*83.33*	96.00	89.00	78.00	75.00	69.00	61.00	*78.00*

Tabela 19(a). Médias das variedades de trigo tolerantes e susceptíveis ao calor para a atividade da desidrogenase (OD) para ambas as sementeiras no primeiro ano (Rabi 2012-13)

Época de sementeira→	Semeadura normal						Semeadura tardia					
DAA/ Variedades	**10**	**17**	**24**	**31**	**38**	**45**	**10**	**17**	**24**	**31**	**38**	**45**
Tolerante ao calor	0.152	0.188	0.289	0.361	0.423	0.424	0.129	0.165	0.266	0.338	0.408	0.400
Sensível ao calor	0.107	0.158	0.244	0.305	0.372	0.363	0.089	0.140	0.226	0.287	0.353	0.345
Valor de t$_{cal}$	**5.67****	**7.06****	**3.72****	**5.00****	**4.93****	**3.85****	**8.68****	**4.57****	**3.37****	**4.59****	**3.34****	**3.56****

HT- Heat tolerant; **HS-** Heat susceptible; **DAA-** Days after anthesis; **E-** Environment **SS-Sunshine**; **RH-** Relative humidity; **CF-** Climatic factors ** Significativo a p=0,01; * Significativo a p=0,05

Tabela 20. Atividade da desidrogenase (OD) de diferentes variedades de trigo tolerantes e susceptíveis ao calor em sementeira normal e tardia no segundo ano (Rabi 2013-14)

	Época de sementeira	Semeadura normal (E3)							Semeadura tardia (E4)						
	DAA/Variedades	10	17	24	31	38	45	Meios de FC	10	17	24	31	38	45	Meios de FC
HT	Raj 3765	0.152	0.189	0.276	0.351	0.417	0.409		0.121	0.160	0.241	0.331	0.401	0.386	
	PBW-590	0.139	0.185	0.263	0.347	0.404	0.398		0.130	0.163	0.259	0.342	0.395	0.384	
	WH-1080	0.132	0.172	0.256	0.335	0.397	0.391		0.120	0.150	0.238	0.326	0.386	0.376	
	PBW-373	0.169	0.190	0.293	0.387	0.434	0.426		0.145	0.172	0.254	0.331	0.411	0.401	
	WH-1100	0.131	0.174	0.255	0.349	0.396	0.398		0.128	0.158	0.242	0.323	0.386	0.380	
	WH-1021	0.142	0.197	0.330	0.431	**0.462**	0.432		0.135	0.185	0.311	0.380	**0.420**	0.405	
HS	PBW-343	0.128	0.180	0.257	0.332	0.401	0.390		0.120	0.155	0.240	0.305	0.376	0.368	
	PBW-621	0.108	0.171	0.237	0.321	0.381	0.377		0.100	0.135	0.225	0.300	0.374	0.370	
	DBW-17	0.119	0.178	0.248	0.330	0.392	0.386		0.105	0.148	0.244	0.302	0.379	0.365	
	WH-147	0.112	0.174	0.241	0.326	0.385	0.379		0.102	0.147	0.215	0.313	0.375	0.372	
	HD-2967	0.136	0.188	0.265	0.334	**0.409**	0.395		0.119	0.140	0.235	0.312	**0.383**	0.372	
	WH-711	0.108	0.179	0.237	0.319	0.381	0.376		0.098	0.141	0.220	0.310	0.375	0.370	
CF	T(máx)°C	24.70	25.90	28.70	28.20	31.40	32.50	*28.57*	28.75	28.70	28.20	31.40	32.50	34.04	*30.60*
	T(min)°C	8.80	11.50	13.90	15.00	14.30	14.70	*13.03*	13.25	13.80	15.00	14.30	14.70	17.68	*14.79*
	Diff °C	15.90	14.40	14.80	13.20	17.10	17.80	*15.53*	15.50	14.90	13.20	17.10	17.80	16.36	*15.81*
	SS (hr)	10.00	8.30	7.20	6.70	9.90	9.80	*8.65*	9.65	7.80	6.70	9.90	9.80	9.00	*8.81*
	RH (%)	89.50	91.80	86.90	84.40	79.20	88.30	*86.68*	93.00	88.20	84.40	79.20	88.30	68.60	*83.62*

Tabela 20(a). Médias de variedades de trigo tolerantes e susceptíveis ao calor para a atividade da desidrogenase (OD) para ambas as sementeiras no segundo ano (Rabi 2013-14)

Época de sementeira	Semeadura normal						Semeadura tardia					
DAA/ Variedades	10	17	24	31	38	45	10	17	24	31	38	45
Tolerante ao calor	0.144	0.183	0.279	0.367	0.424	0.418	0.130	0.165	0.258	0.339	0.409	0.398
Sensível ao calor	0.118	0.178	0.248	0.327	0.392	0.385	0.107	0.144	0.230	0.307	0.377	0.377
Valor de t_{cal}	3.42**	NS	2.47*	2.66*	NS	NS	4.18**	3.52**	2.27*	3.57**	NS	NS

Quadro 20(b). Médias das variedades de trigo para a atividade da desidrogenase (OD) no primeiro e segundo anos

Época de sementeira →	Semeadura normal						Semeadura tardia					
DAA/ano	10	17	24	31	38	45	10	17	24	31	38	45
Primeiro	0.129	0.173	0.267	0.333	0.397	0.393	0.109	0.152	0.246	0.312	0.381	0.372
Segundo	0.131	0.181	0.263	0.347	0.408	0.402	0.119	0.155	0.244	0.323	0.393	0.387
Valor de t_{cal}	NS	NS	NS	NS	NS	NS	NS	NS	NS	NS	NS	NS

HT- Heat tolerant; **HS**- Heat susceptible; **DAA**- Days after anthesis; **E**- Environment **SS-Sunshine**; **RH**- Relative humidity; **CF**- Climatic factors ** Significativo a p=0,01; * Significativo a p=**0,05**

Os dados sobre a temperatura máxima e mínima mostram claramente que ambas foram mais elevadas na sementeira tardia do que na normal. Também se verificou que foi mais elevada no primeiro do que no segundo ano em todas as fases após a antese.

4.1.15 Atividade da peroxidase (ΔA/min/g FW)

Os quadros 21 e 22 apresentam as actividades médias da peroxidase de diferentes variedades de trigo, tolerantes e susceptíveis ao calor, em datas de amostragem colhidas em diferentes momentos do DAA. Sob sementeira normal no primeiro ano, a atividade da peroxidase para a variedade Raj 3765 (41.10, 52.46), WH 1100 (62.35), PBW 373 (74.12), WH 1080 (93.56) e PBW 373 (87.45) entre as tolerantes, enquanto que, entre as susceptíveis, a variedade DBW 17 (32.56), PBW 343 (43.50), HD 2967 (55.80, 71.39), WH 711 (85.56) e PBW 343 (83.63) foram as mais altas em diferentes estágios de 10, 17, 24, 31, 38 e 45 DAA respetivamente (Tabela 21). As variedades WH 1100 (22,93), WH 1021 (40,25), PBW 590 (58,56), WH 1021 (68,52, 81,00, 79,63) entre as tolerantes, enquanto que, entre as susceptíveis WH 147 (22,65, 31,00), PBW 621 (47,25, 57,59), PBW 343 (78,34) e WH 711 (76,44) apresentaram a menor atividade de peroxidase em diferentes fases do DAA. Sob semeadura tardia, a atividade da peroxidase da variedade Raj 3765 (53,33, 68,13, 79,36), PBW 373 (94,25), WH 1080 (109,46) e WH 1100 (106,54) entre as tolerantes, enquanto que, entre as suscetíveis, a variedade PBW 343 (37.62), HD 2967 (55.23, 68.00), DBW 17 (90.76), WH 711 (105.39), WH 147, HD 2967 (101.23) tiveram a maior atividade de peroxidase em diferentes estágios de DAA. As variedades PBW 590 (37,56), WH 1100 (52,36, 65,23), WH 1021 (88,65, 105,00, 103,43) entre as tolerantes, enquanto que, entre as susceptíveis PBW 621 (26,24, 43,46, 55,20, 77,12), PBW 343 (101,25) e PBW 621 (100,23) registaram a atividade de peroxidase mais baixa em diferentes fases do DAA.

No segundo ano, sob sementeira normal, a variedade Raj 3765 (50.30, 61.29, 71.42), PBW (81.80), WH 1080 (91.32, 86.23) entre as variedades tolerantes ao calor, enquanto que, entre as susceptíveis HD 2967 (36.66, 50.30), PBW 343 (60.58), DBW 17 (76.31, 85.32) e PBW 621 (81.56) registaram uma maior atividade de peroxidase do que outras em diferentes fases de 10, 17, 24, 31, 38 e 45 DAA, respetivamente (Quadro 22). A atividade da peroxidase da variedade PBW 590 (36,62), WH 1021 (49,65, 60,32, 76,20), PBW 373 (82,36, 80,35) entre as tolerantes, ao passo que, entre as susceptíveis, a variedade PBW 621 (25,53, 39,36, 50,36, 63,17), WH 147 (78,36, 75,36) em diferentes fases dos DAA registou a atividade da peroxidase mais baixa.

Sob semeadura tardia, as variedades Raj 3765 (54,25, 66,36, 75,24), PBW 373 (84,32), WH 1080 (94,29, 88,61) entre as tolerantes, enquanto que, entre as suscetíveis, as variedades PBW 343 (40,33, 55,35), HD 2967 (64,88, 79,59), DBW 17 (89,56) e PBW 621 (85,69) apresentaram maior atividade de peroxidase em diferentes estágios do DAA. As variedades WH 1100 (41,58), WH 1021 (55,86, 64,53, 78,72), PBW 373 (86,36, 83,65) entre as tolerantes, enquanto que, entre as suscetíveis, as variedades PBW 621 (33,55), WH 711 (50,00), PBW 621 (52,63, 65,79), WH 711 (83,07) e PBW 343 (80,23) em diferentes estágios do DAA registraram a menor atividade de peroxidase.

A atividade da peroxidase aumentou com a progressão das fases de desenvolvimento e maturação das sementes. Ela foi mais alta na maturidade fisiológica e depois diminuiu ainda mais. Nesta fase, WH 1080 (93.56, 109.46, 91.32, 94.29) tinha a maior atividade de peroxidase entre as variedades tolerantes, tanto na sementeira do primeiro ano como na do segundo ano (Quadro 21 & 22). Entre as variedades susceptíveis, a WH 711 (85,56, 105,39) teve a maior atividade de peroxidase em ambas as sementeiras no primeiro ano e no segundo ano, a variedade DBW17 (85,32, 89,56) em ambas as condições de sementeira.

Em média, as variedades tolerantes ao calor apresentavam uma atividade peroxidase significativamente mais elevada em todas as fases, tanto na sementeira do primeiro ano como na do segundo.

Tabela 21. Atividade da peroxidase (ΔA/min/g FW) de diferentes variedades de trigo tolerantes e susceptíveis ao calor em sementeira normal e tardia no primeiro ano (Rabi 2012-13)

	Época de sementeira	Semeadura normal (E1)							Semeadura tardia (E2)						
	DAA/ Variedades	10	17	24	31	38	45	Meios de FC	10	17	24	31	38	45	Meios de FC
H T	**Raj 3765**	41.10	52.46	62.16	72.63	84.49	82.56		53.33	68.13	79.36	92.76	106.94	104.12	
	PBW-590	33.50	47.25	58.56	71.56	88.40	85.26		37.56	55.36	74.35	91.69	108.40	104.50	
	WH-1080	38.12	49.25	60.10	72.12	**93.56**	85.52		48.43	62.84	73.20	92.25	**109.46**	106.12	
	PBW-373	37.36	50.23	60.25	74.12	87.45	91.62		47.25	65.28	74.35	94.25	105.56	103.62	
	WH-1100	22.93	41.36	62.35	73.39	88.65	86.36		39.69	52.36	65.23	93.52	108.65	106.54	

	WH-1021	31.95	40.25	58.58	68.52	81.00	79.63		37.85	54.69	67.26	88.65	105.00	103.43	
H *S*	PBW-343	32.14	43.50	55.56	70.43	78.34	83.63		37.62	53.56	65.25	84.36	101.25	100.53	
	PBW-621	23.25	34.26	47.25	57.59	84.45	82.58		26.24	43.46	55.20	77.12	102.36	100.23	
	DBW-17	32.56	40.12	52.36	70.63	79.95	78.25		37.42	53.12	66.20	90.76	103.95	100.55	
	WH-147	22.65	31.00	49.36	61.45	82.64	80.66		30.33	44.22	62.58	86.68	102.85	101.23	
	HD-2967	31.23	42.25	55.80	71.39	82.10	80.36		37.23	55.23	68.00	84.69	103.47	101.23	
	WH-711	30.36	40.25	55.36	67.13	**85.56**	76.44		35.26	51.26	64.23	89.36	**105.39**	100.56	
C *F*	T(máx)°C	29.26	28.63	28.69	31.24	34.66	35.57	_31.34_	28.29	28.69	31.24	34.66	35.57	35.93	_32.40_
	T(min)°C	11.97	13.1	13.53	14.72	14.62	16.7	_14.11_	13.10	13.53	14.72	14.62	16.7	18.10	_15.13_
	Diff °C	17.29	15.53	15.16	16.52	20.04	18.87	_17.24_	15.19	15.16	16.52	20.04	18.87	17.83	_17.27_
	SS (hr)	8.30	9.10	7.20	8.30	9.70	9.10	_8.62_	8.40	7.20	8.30	9.70	9.10	8.30	_8.50_
	RH (%)	92.00	97.00	89.00	78.00	75.00	69.00	_83.33_	96.00	89.00	78.00	75.00	69.00	61.00	_78.00_

Tabela 21(a). Médias de variedades de trigo tolerantes e susceptíveis ao calor para a atividade da peroxidase (ΔA/min/g FW) para ambas as sementeiras no primeiro ano (Rabi 2012-13)

Época de sementeira	Semeadura normal						Semeadura tardia					
DAA/ Variedades	10	17	24	31	38	45	10	17	24	31	38	45
Tolerante ao calor	34.16	46.80	60.33	72.06	87.26	85.16	44.02	59.78	72.29	92.19	107.34	104.72
Sensível ao calor	28.70	38.56	52.62	66.44	82.17	80.32	34.02	50.14	63.58	85.50	103.21	100.72
Valor de t_{cal}	NS	2.90*	4.74**	2.29*	2.48*	2.46*	3.04*	2.87*	3.11*	3.15*	4.41**	7.14**

HT- Heat tolerant; **HS**- Heat susceptible; **DAA**- Days after anthesis; **E**- Environment **SS-Sunshine**; **RH**- Relative humidity; **CF**- Climatic factors ** Significativo a p=0,01; * Significativo a p=0,05

Tabela 22. Atividade da peroxidase (ΔA/min/g FW) de diferentes variedades de trigo tolerantes e susceptíveis ao calor em sementeira normal e tardia no segundo ano (Rabi 2013-14)

	Época de sementeira	Semeadura normal (E3)							Semeadura tardia (E4)					
	DAA/Variedades	10	17	24	31	38	45	Meios de FC	10	17	24	31	38	45	Meios de FC
H T	Raj 3765	50.30	61.29	71.42	80.31	85.56	81.26		54.25	66.36	75.24	82.83	88.25	84.56	
	PBW-590	36.62	50.23	62.68	79.24	84.16	82.61		40.25	58.42	68.77	81.76	89.13	87.62	
	WH-1080	41.94	55.36	65.26	79.80	**91.32**	86.23		46.34	60.85	68.08	82.32	**94.29**	88.61	
	PBW-373	41.75	55.36	66.41	81.80	82.36	80.35		43.58	60.21	69.23	84.32	86.36	83.65	
	WH-1100	38.25	51.26	64.58	81.07	84.41	82.26		41.58	59.26	69.35	83.59	89.38	87.56	
	WH-1021	37.62	49.65	60.32	76.20	86.75	81.56		46.25	55.86	64.53	78.72	90.23	86.67	

H *S*	PBW-343	31.75	49.02	60.58	76.11	80.53	76.52		40.33	55.35	63.00	78.63	**83.56**	80.23	
	PBW-621	25.53	39.36	50.36	63.27	84.21	81.56		33.55	45.65	52.63	65.79	88.54	85.69	
	DBW-17	32.76	47.12	58.26	76.31	**85.32**	80.65		37.12	52.68	63.25	78.83	**89.56**	83.54	
	WH-147	30.50	40.62	50.52	67.13	78.36	75.36		35.48	44.22	55.03	69.65	84.56	80.25	
	HD-2967	36.66	50.30	60.06	70.36	81.86	78.69		39.65	54.00	64.88	79.59	86.83	84.56	
	WH-711	34.06	45.65	54.31	72.81	80.65	76.63		36.59	50.00	59.33	75.33	83.07	80.36	
C *F*	T(máx)°C	24.70	25.90	28.70	28.20	31.40	32.50	_28.57_	28.75	28.70	28.20	31.40	32.50	34.04	_30.60_
	T(min)°C	8.80	11.50	13.90	15.00	14.30	14.70	_13.03_	13.25	13.80	15.00	14.30	14.70	17.68	_14.79_
	Diff °C	15.90	14.40	14.80	13.20	17.10	17.80	_15.53_	15.50	14.90	13.20	17.10	17.80	16.36	_15.81_
	SS (hr)	10.00	8.30	7.20	6.70	9.90	9.80	_8.65_	9.65	7.80	6.70	9.90	9.80	9.00	_8.81_
	RH (%)	89.50	91.80	86.90	84.40	79.20	88.30	_86.68_	93.00	88.20	84.40	79.20	88.30	68.60	_83.62_

Tabela 22(a). Médias de variedades de trigo tolerantes e susceptíveis ao calor para a atividade da peroxidase (ΔA/min/g FW) para ambas as sementeiras no segundo ano (Rabi 2013-14)

Época de sementeira	Semeadura normal						Semeadura tardia					
DAA/ Variedades	10	17	24	31	38	45	10	17	24	31	38	45
Tolerante ao calor	41.08	53.86	65.11	79.74	85.76	82.38	45.38	60.16	69.20	82.26	89.61	86.45
Sensível ao calor	31.88	45.35	55.68	71.00	81.82	78.24	37.12	50.32	59.69	74.64	86.02	82.44
Valor de t_{cal}	3.59**	3.32**	3.88**	3.88**	2.40*	3.15*	3.61**	4.20**	3.86**	3.10*	2.32*	3.14*

Quadro 22(b). Médias das variedades de trigo para a atividade da peroxidase (ΔA/min/g FW) no primeiro e segundo anos

117

Época de sementeira	Semeadura normal						Semeadura tardia					
DAA/ano	10	17	24	31	38	45	10	17	24	31	38	45
Primeiro	31.43	42.68	56.47	69.25	84.72	82.74	39.02	54.96	67.93	88.84	105.27	102.72
Segundo	36.48	49.60	60.40	75.37	83.79	80.31	41.25	55.24	64.44	78.45	87.81	84.44
Valor de t_{cal}	NS	2.71*	NS	2.74*	NS	NS	NS	NS	NS	4.78**	14.66**	16.89**

HT- Heat tolerant; **HS-** Heat susceptible; **DAA-** Days after anthesis; **E-** Environment **SS-Sunshine**; **RH-** Relative humidity; **CF-** Climatic factors ** Significativo a p=0,01; * Significativo a p=0,05

segundo ano (Quadro 21a & 22a). Depois de agrupadas todas as variedades tolerantes e susceptíveis, no primeiro ano todas as variedades apresentaram uma atividade de peroxidase mais elevada do que no segundo ano, aos 17 e 31 DAA na sementeira normal e aos 31, 38 e 45 DAA na sementeira tardia (Quadro 22b). Em geral, as variedades tolerantes ao calor têm uma atividade peroxidase mais baixa na sementeira normal em todas as fases do que na sementeira tardia em ambos os anos (Quadro 21 e 22). Os dados sobre a temperatura máxima e mínima mostram claramente que ambas foram mais elevadas na sementeira tardia do que na normal. Também foram mais elevadas no primeiro do que no segundo ano, em todas as fases após a antese.

4.1.16 Atividade da catalase (ΔA/min/g FW)

A atividade média da catalase de diferentes variedades de trigo, tolerantes e susceptíveis ao calor, em datas de amostragem colhidas em diferentes momentos do DAA, é apresentada nos quadros 23 e 24. Sob sementeira normal no primeiro ano, a atividade da catalase foi mais elevada para a variedade Raj 3765 (16,20, 21,23, 26,35, 30,55, 38,08, 36,76) entre as tolerantes, enquanto que para as variedades DBW 17 (10,25), PBW 343 (17,52), WH 711 (20,86), WH 147 (24,85, 30,50, 29,35) entre as susceptíveis nos estádios de 10, 17, 24, 31, 38 e 45 DAA, respetivamente (quadro 23). As variedades PBW 590 (11.05, 15.23) e WH 1021 (19.51, 21.63, 26.67, 25.88) entre as tolerantes, enquanto que, entre as susceptíveis, as variedades WH 711 (8.64), HD 2967 (12.05), WH 147 (18.07), DBW 17 (22.36, 26.50, 25.08) registaram a atividade de catalase mais baixa em diferentes fases dos DAA. Sob semeadura tardia, a atividade enzimática da variedade Raj 3765 (19,52, 24,65, 28,22), PBW 373 (94,25), WH 1100 (33,51), Raj 3765 (39,97, 38,62) entre as tolerantes, enquanto que, entre as suscetíveis, a variedade PBW 343 (15,85, 20,32, 25,56 e 28,02) e WH 147 (32,32, 31,02) foram as mais altas em diferentes estágios do DAA. Sob semeadura tardia, as variedades WH 1080 (13,54), WH 1021 (17,58, 21,35, 24,56, 28,53), WH 1080 (27,85) entre as tolerantes, enquanto que, entre as suscetíveis, as variedades WH 711 (10,23, 13,69), PBW 621 (20,58, 25,60) e DBW 17 (26,95, 25,80) em diferentes estágios do DAA registraram a menor atividade da catalase.

Tabela 23. Atividade da catalase (ΔA/min/g FW) de diferentes variedades de trigo tolerantes e susceptíveis ao calor em sementeira normal e tardia no primeiro ano (Rabi 2012-13)

	Época de sementeira	Semeadura normal (E1)							Semeadura tardia (E2)						
	DAA/Variáveis	10	17	24	31	38	45	Meios de FC	10	17	24	31	38	45	Meios de FC
H T	**Raj 3765**	16.20	21.23	26.35	30.55	**38.08**	36.76		19.52	24.65	28.22	32.55	**39.97**	38.62	
	PBW -590	11.05	15.23	22.35	26.35	34.13	32.52		14.25	19.65	25.36	28.56	35.70	33.55	
	WH-1080	11.25	15.29	21.56	25.48	28.11	27.14		13.54	18.36	23.00	25.98	29.55	27.85	
	PBW -373	11.69	16.69	23.65	28.56	36.27	33.05		13.58	19.25	25.65	32.54	37.82	36.76	
	WH-1100	15.46	20.11	24.74	30.25	37.38	36.12		16.36	22.56	27.87	33.51	39.15	36.62	
	WH-1021	13.25	16.02	19.51	21.63	26.67	25.88		14.25	17.58	21.35	24.56	28.53	27.89	
H S	**PBW -343**	10.23	17.52	19.56	23.15	27.70	26.82		15.85	20.32	25.56	28.02	29.39	26.86	
	PBW -621	9.63	15.26	18.34	22.41	28.34	25.86		11.36	16.00	20.58	25.60	30.12	27.19	
	DBW -17	10.25	14.23	19.11	22.36	26.50	25.08		11.04	15.35	22.37	26.82	26.95	25.80	

C F		10	17	24	31	38	45	Média	10	17	24	31	38	45	Média
	WH-147	9.74	14.32	18.07	24.85	**30.50**	29.35		13.56	19.68	21.17	27.03	**32.32**	31.02	
	HD-2967	9.52	12.05	19.78	24.82	27.70	26.13		10.47	15.28	21.05	25.92	29.42	27.62	
	WH-711	8.64	13.00	20.86	23.84	28.95	27.03		10.23	13.69	21.78	25.79	29.75	28.06	
C F	T(máx)°C	29.26	28.63	28.69	31.24	34.66	35.57	*31.34*	28.29	28.69	31.24	34.66	35.57	35.93	*32.40*
	T(min)°C	11.97	13.1	13.53	14.72	14.62	16.7	*14.11*	13.10	13.53	14.72	14.62	16.7	18.10	*15.13*
	Diff °C	17.29	15.53	15.16	16.52	20.04	18.87	*17.24*	15.19	15.16	16.52	20.04	18.87	17.83	*17.27*
	SS (hr)	8.30	9.10	7.20	8.30	9.70	9.10	*8.62*	8.40	7.20	8.30	9.70	9.10	8.30	*8.50*
	RH (%)	92.00	97.00	89.00	78.00	75.00	69.00	*83.33*	96.00	89.00	78.00	75.00	69.00	61.00	*78.00*

Tabela 23(a). Médias de variedades de trigo tolerantes e susceptíveis ao calor para a atividade da catalase (ΔA/min/g FW) para ambas as sementeiras no primeiro ano (Rabi 2012-13)

Época de sementeira	Semeadura normal						Semeadura tardia					
DAA/ Variedades	10	17	24	31	38	45	10	17	24	31	38	45
Tolerante ao calor	13.15	17.43	23.03	27.14	33.44	31.91	15.25	20.34	25.24	29.62	35.12	33.55
Sensível ao calor	9.67	14.40	19.29	23.57	28.28	26.71	12.09	16.72	22.09	26.53	29.66	27.76
Valor de t_{cal}	3.70 **	2.31 *	3.49 **	2.45 *	2.49 *	2.68 *	2.42 *	2.34 *	2.39 *	NS	2.56 *	2.83 *

HT- Heat tolerant; **HS-** Heat susceptible; **DAA-** Days after anthesis; **E-** Environment **SS-Sunshine; RH-** Relative humidity; **CF-** Climatic factors ** Significativo a p=0,01; * Significativo a p=0,05

Tabela 24. Atividade da catalase (ΔA/min/g FW) de diferentes variedades de trigo tolerantes e susceptíveis ao calor em sementeira normal e tardia no segundo ano (Rabi 2013-14)

	Semeadura normal (E3)		Semeadura tardia (E4)	
Época de				

	sementeira														
	DAA/Variedades	**10**	**17**	**24**	**31**	**38**	**45**	**Meios de FC**	**10**	**17**	**24**	**31**	**38**	**45**	**Meios de FC**
HT	**Raj 3765**	13.00	19.62	23.85	28.26	37.02	37.20		12.00	18.65	23.00	29.65	36.82	35.21	
	PBW-590	11.15	15.68	21.36	26.35	32.45	30.71		10.23	15.25	21.00	26.57	31.26	30.00	
	WH-1080	12.45	14.11	20.33	26.87	31.32	29.78		11.00	14.00	19.36	25.87	27.06	25.17	
	PBW-373	12.35	17.62	22.36	24.56	28.19	27.18		12.06	16.36	21.90	28.56	35.94	34.12	
	WH-1100	12.36	18.26	25.36	32.56	**37.94**	36.12		11.35	15.69	23.64	31.48	**37.15**	35.26	
	WH-1021	11.68	16.44	20.45	22.35	26.92	26.88		10.23	15.87	18.69	22.00	26.35	25.21	
HS	**PBW-343**	10.5	16.25	21.25	24.33	28.29	27.82		8.50	14.52	20.36	23.33	27.45	26.31	
	PBW-621	9.44	13.61	17.31	20.75	22.96	22.75		8.21	11.25	16.35	20.36	22.00	21.36	
	DBW-17	9.12	12.11	18.23	23.15	26.08	25.60		8.05	11.58	17.68	23.00	25.23	24.80	
	WH-147	8.25	14.25	17.17	23.65	**30.33**	29.75		7.11	11.54	16.00	23.12	**29.02**	27.32	
	HD-2967	8.85	11.02	18.65	23.00	28.29	26.22		6.25	10.58	18.12	23.00	27.65	27.54	
	WH-711	10	10.78	19.32	21.18	27.95	26.50		8.03	10.00	18.56	20.87	27.15	25.55	
CF	**T(máx)°C**	24.70	25.90	28.70	28.20	31.40	32.50	***28.57***	28.75	28.70	28.20	31.40	32.50	34.04	***30.60***
	T(min)°C	8.80	11.50	13.90	15.00	14.30	14.70	***13.03***	13.25	13.80	15.00	14.30	14.70	17.68	***14.79***
	Diff °C	15.90	14.40	14.80	13.20	17.10	17.80	***15.53***	15.50	14.90	13.20	17.10	17.80	16.36	***15.81***
	SS (hr)	10.00	8.30	7.20	6.70	9.90	9.80	***8.65***	9.65	7.80	6.70	9.90	9.80	9.00	***8.81***

	RH (%)	89.50	91.80	86.90	84.40	79.20	88.30	**_86.68_**	93.00	88.20	84.40	79.20	88.30	68.60	**_83.62_**

Tabela 24(a). Médias de variedades de trigo tolerantes e susceptíveis ao calor para a atividade da catalase (ΔA/min/g FW) para ambas as sementeiras no segundo ano (Rabi 2013-14)

Época de sementeira	Semeadura normal						Semeadura tardia					
DAA/ Variedades	10	17	24	31	38	45	10	17	24	31	38	45
Tolerante ao calor	12.17	16.96	22.29	26.83	32.31	31.31	11.15	15.97	21.27	27.35	32.43	30.83
Sensível ao calor	9.36	13.00	18.66	22.68	27.32	26.44	7.69	11.58	17.85	22.28	26.42	25.48
Valor de t_{cal}	6.62**	3.37**	3.55**	2.71*	2.37*	2.39*	7.21**	4.90**	3.31**	3.48**	2.67**	2.48*

Quadro 24(b). Médias das variedades de trigo para a atividade da catalase (ΔA/min/g FW) para o primeiro e segundo ano

Época de sementeira→	Semeadura normal						Semeadura tardia					
DAA/ano	10	17	24	31	38	45	10	17	24	31	38	45
Primeiro	11.41	15.91	21.16	25.35	30.86	29.31	13.67	18.53	23.66	28.07	32.39	30.65
Segundo	10.76	14.98	20.47	24.75	29.81	28.88	9.42	13.77	19.56	24.82	29.42	28.15
Valor de t_{cal}	NS	NS	NS	NS	NS	NS	4.39**	3.93**	3.86**	2.38*	NS	NS

HT- Tolerante ao calor; **HS-** Sensível ao calor; **DAA-** Dias após a antese; **E-** Ambiente **SS- Sol**; **RH-** Humidade relativa; **CF-** Factores climáticos. ** Significativo a p=0,01; * Significativo a p=0,05

No segundo ano, sob sementeira normal, as variedades Raj 3765 (13.0, 19.62), WH 1100 (25.36, 32.56, 37.94) e Raj 3765 (37.20) foram tolerantes, enquanto que, entre as susceptíveis, a variedade PBW 343 (10.5, 16.25, 21.25, e 24.33), WH 147 (30.33) e WH 147 (29.75) registaram maior atividade de catalase do que outras em diferentes fases de 10, 17, 24, 31, 38, 45 DAA respetivamente (Quadro 24). A atividade da catalase foi mais baixa para a variedade PBW 590 (11,15), WH 1080 (14,11, 20,33), WH 1021 (1021, 26,92, 26,88) entre as tolerantes, ao passo que, entre as susceptíveis, para WH 147 (8,25), WH 711 (10,78), WH 147 (17,17), PBW 621 (20,75, 22,96, 22,75) em diferentes fases do DAA. Sob semeadura tardia, as variedades Raj 3765 (12.00, 18.65), WH 1100 (23.64, 31.48, 37.15, 35.26) entre as tolerantes, enquanto que, entre as suscetíveis, as variedades PBW 343 (8.5, 14.52, 20.36, 23.33), WH 147 (29.02), HD 2967 (27.54) apresentaram maior atividade de catalase em diferentes estágios do DAA. As variedades WH 1021 (10,23), WH 1080 (14,00), WH 1021 (18,69, 22,00, 26,35), WH 1080 (25,17) entre as tolerantes, enquanto que, entre as suscetíveis HD 2967 (6,25), WH 711 (10,00), WH 147 (16,00) e PBW 621 (20,36, 22,00, 21,36) apresentaram a menor atividade da catalase em diferentes estágios do DAA.

A atividade da catalase aumentou com a progressão das fases de desenvolvimento e maturação das sementes. Foi mais elevada na maturidade fisiológica. Nesta fase, em ambas as sementeiras no primeiro ano, a variedade Raj 3765 (38.08, 39.97) e no segundo ano, a variedade WH 1100 (37.94, 37.15) tiveram a maior atividade de catalase entre as variedades tolerantes. Entre as variedades susceptíveis, a variedade WH 147 (30.50, 32.32, 30.33, e 29.02) teve a maior atividade de catalase em ambas as sementeiras, tanto no primeiro como no segundo ano (Quadro 23 & 24).

Em média, as variedades tolerantes tiveram uma atividade de catalase significativamente mais elevada em todas as fases, tanto na sementeira do primeiro ano como na do segundo ano (Quadro 23a & 24a). Depois de considerar todas as variedades como uma única unidade, no primeiro ano todas as variedades tiveram maior atividade de catalase do que no segundo ano aos 10, 17, 24 e 31 DAA na sementeira tardia (Quadro 24b). No geral, as variedades tolerantes tiveram uma atividade de catalase mais baixa na sementeira normal em todas as fases do que na sementeira tardia em ambos os anos (Quadro 24 e 25). Verificou-se também que, em todas as fases após a antese, a temperatura máxima e mínima foi mais elevada na sementeira tardia do que na normal e em ambos os anos de registo de dados.

4.1.17 Atividade da superóxido dismutase (SOD, ΔA/min/g FW)

As actividades médias da superóxido dismutase de diferentes variedades de trigo, tolerantes e susceptíveis ao calor, em datas de amostragem colhidas em diferentes momentos do DAA, são apresentadas nos quadros 25 e 26. Sob sementeira normal no primeiro ano, a atividade da SOD foi mais elevada do que outras para a variedade Raj 3765 (36,23, 41,25), WH 1080 (50,62, 54,23, 60,36, 56,78) entre as tolerantes, enquanto que para a DBW 17 (31,25, 37,32), PBW 343 (44,20, 49,23), PBW 621 (55,81, 53,65) entre as susceptíveis em diferentes fases de 10, 17, 24, 31, 38 e 45 DAA respetivamente (Quadro 25). As variedades PBW 590 (30.52, 37.11), WH 1100 (42.00), WH 1021 (47.10, 53.86) e Raj 3765 (50.67) entre as tolerantes e PBW 621 (26.53), WH 147 (30.54, 34.56,

40.25, 45.78, 43.65) entre as susceptíveis registaram a atividade SOD mais baixa em diferentes fases dos DAA.

Sob semeadura tardia, a atividade enzimática de WH 1100 (39,85), WH 1080 (47,56, 53,68, 59,62, 67,43, 66,10) entre os tolerantes, enquanto entre os suscetíveis DBW 17 (36,58, 42,26), HD 2967 (47,25, 53,68), PBW 343 (61,00, 59,02) foram os mais altos em diferentes estágios de DAA. Sob sementeira tardia, PBW 373 (34.35, 41.25), WH 1021 (45.85), WH 1100 (51.26, 57.62, 54.96) entre os tolerantes, enquanto que entre os susceptíveis PBW 621 (32.00), HD 2967 (39.54) e WH 147 (41.00, 44.58, 50.36, 47.73) em diferentes fases do DAA foram registados os valores mais baixos para esta atividade enzimática.

Tabela 25. Atividade da superóxido dismutase (ΔA/min/g FW) de diferentes variedades de trigo tolerantes e susceptíveis ao calor em sementeira normal e tardia no primeiro ano (Rabi 2012-13)

	Época de sementeira →	Semeadura normal (E1)							Semeadura tardia (E2)						
	DAA/Variedades	10	17	24	31	38	45	Meios de FC	10	17	24	31	38	45	Meios de FC
H T	Raj 3765	36.2 3	41.2 5	43.6 5	49.5 6	55.1 8	50.6 7		38.4 5	43.5 6	48.5 6	56.8 5	63.8 2	60.7 5	
	PBW-590	30.5 2	37.1 1	43.5 6	49.4 6	55.5 0	54.6 8		36.5 8	42.2 3	47.6 8	52.3 6	60.3 6	59.6 2	
	WH-1080	32.3 6	40.2 5	50.6 2	54.2 3	**60.3 6**	56.7 8		38.9 6	47.5 6	53.6 8	59.6 2	**67.4 3**	66.1 0	
	PBW-373	31.2 5	36.9 8	44.5 3	49.5 6	55.2 7	54.0 0		34.3 5	41.2 5	50.2 6	52.6 3	59.8 6	56.8 1	
	WH-1100	32.5 6	39.6 5	42.0 0	47.6 5	53.9 5	50.9 4		39.8 5	45.5 8	47.6 2	51.2 6	57.6 2	54.9 6	
	WH-1021	32.5 8	38.6 4	42.8 5	47.1 0	53.8 6	51.1 2		38.5 2	44.5 6	45.8 5	51.5 2	58.0 0	55.7 3	
HS	PBW-343	28.5 6	34.5 6	44.2 0	49.2 3	53.1 8	50.8 7		32.0 2	40.0 0	45.8 5	52.7 0	**61.0 0**	59.0 2	
	PBW-621	26.5 3	33.2 6	43.5 2	48.5 1	**55.8 1**	53.6 5		32.0 0	40.5 6	46.3 5	51.9 2	57.6 0	55.0 2	
	DBW-17	31.2 5	37.3 2	40.6 4	46.2 3	53.2 6	50.8 6		36.5 8	42.2 6	44.3 6	50.4 1	55.8 2	53.1 7	
	WH-147	29.3 5	30.5 4	34.5 6	40.2 5	45.7 8	43.6 5		35.2 5	40.2 3	41.0 0	44.5 8	50.3 6	47.7 3	
	HD-2967	26.5 8	32.5 6	40.2 5	44.2 7	49.1 3	46.8 5		32.5 6	39.5 4	47.2 5	53.6 8	58.2 3	55.6 2	

127

	WH-711	30.25	34.56	40.00	45.31	49.46	47.13		33.69	40.00	45.36	49.42	53.26	49.86	
CF	T(máx)°C	29.26	28.63	28.69	31.24	34.66	35.57	_31.34_	28.29	28.69	31.24	34.66	35.57	35.93	_32.40_
	T(min)°C	11.97	13.1	13.53	14.72	14.62	16.7	_14.11_	13.10	13.53	14.72	14.62	16.7	18.10	_15.13_
	Diff °C	17.29	15.53	15.16	16.52	20.04	18.87	_17.24_	15.19	15.16	16.52	20.04	18.87	17.83	_17.27_
	SS (hr)	8.30	9.10	7.20	8.30	9.70	9.10	_8.62_	8.40	7.20	8.30	9.70	9.10	8.30	_8.50_
	RH (%)	92.00	97.00	89.00	78.00	75.00	69.00	_83.33_	96.00	89.00	78.00	75.00	69.00	61.00	_78.00_

Tabela 25(a). Médias de variedades de trigo tolerantes e susceptíveis ao calor para a atividade da superóxido dismutase (ΔA/min/g FW) para ambas as sementeiras no primeiro ano (Rabi 2012-13)

Época de sementeira →	Semeadura normal						Semeadura tardia					
DAA/ Variedades	10	17	24	31	38	45	10	17	24	31	38	45
Tolerante ao calor	32.58	38.98	44.54	49.59	55.69	53.03	37.79	44.12	48.94	54.04	61.18	59.00
Sensível ao calor	28.75	33.8	40.53	45.63	51.10	48.84	33.68	40.43	45.03	50.45	56.05	53.40
Valor de t_{cal}	3.41**	4.44**	NS	2.37*	2.58*	2.34*	3.66**	3.64**	2.74*	NS	2.35*	2.35*

HT- Heat tolerant; **HS-** Heat susceptible; **DAA-** Days after anthesis; **E-** Environment **SS-Sunshine**; **RH-** Relative humidity; **CF-** Climatic factors ** Significativo a p=0,01; * Significativo a p=0,05

Tabela 26. Atividade da superóxido dismutase (ΔA/min/g FW) de diferentes variedades de trigo tolerantes e susceptíveis ao calor em sementeira normal e tardia no segundo ano (Rabi 2013-14)

	Época de sementeira	Semeadura normal (E3)							Semeadura tardia (E4)						
	DAA/Variedades	10	17	24	31	38	45	Meios de FC	10	17	24	31	38	45	Meios de FC
HT	**Raj 3765**	25.62	32.45	40.25	45.23	53.23	50.23		34.11	40.25	46.25	48.53	57.10	55.36	
	PBW-590	30.25	37.56	43.58	49.68	55.05	53.23		36.54	42.35	47.58	51.23	57.50	56.69	
	WH-1080	33.52	40.25	47.52	52.36	**58.73**	56.26		37.21	43.65	50.21	55.85	**65.66**	65.25	
	PBW-373	31.56	38.56	44.68	49.56	55.34	53.86		37.66	42.00	47.53	50.23	56.36	54.47	
	WH-1100	30.51	38.25	44.53	48.25	55.42	52.24		33.65	39.65	45.15	49.65	54.86	52.41	
	WH-1021	29.36	36.58	43.56	49.42	54.21	52.12		35.22	40.24	45.85	51.23	58.62	56.67	
HS	**PBW-343**	30.21	36.52	44.16	47.56	50.00	49.24		32.00	40.00	46.58	48.25	53.86	50.23	
	PBW-621	25.23	32.11	41.00	46.25	52.14	51.26		31.95	36.66	43.56	48.00	56.10	53.23	
	DBW-17	25.63	33.26	41.25	49.56	**54.79**	53.26		33.11	38.65	45.11	52.00	54.35	52.85	
	WH-147	26.52	30.62	36.85	40.23	44.52	42.85		28.22	33.85	39.54	44.25	51.83	50.32	
	HD-2967	28.26	32.56	39.72	43.56	47.23	46.56		32.11	38.35	44.36	47.32	**56.12**	54.23	
	WH-711	28.54	34.72	38.12	44.65	47.11	46.44		33.23	40.25	43.00	46.85	51.03	48.23	
CF	**T(máx)°C**	24.70	25.90	28.70	28.20	31.40	32.50	*28.57*	28.75	28.70	28.20	31.40	32.50	34.04	*30.60*
	T(min)°C	8.80	11.50	13.90	15.00	14.30	14.70	*13.03*	13.25	13.80	15.00	14.30	14.70	17.68	*14.79*
	Diff °C	15.90	14.40	14.80	13.20	17.10	17.80	*15.53*	15.50	14.90	13.20	17.10	17.80	16.36	*15.81*
	SS (hr)	10.00	8.30	7.20	6.70	9.90	9.80	*8.65*	9.65	7.80	6.70	9.90	9.80	9.00	*8.81*
	RH (%)	89.50	91.80	86.90	84.40	79.20	88.30	*86.68*	93.00	88.20	84.40	79.20	88.30	68.60	*83.62*

Tabela 26(a). Médias de variedades de trigo tolerantes e susceptíveis ao calor para a atividade da superóxido dismutase (ΔA/min/g FW) para ambas as sementeiras no segundo ano (Rabi 2013-14)

Época de sementeira	Semeadura normal						Semeadura tardia					
DAA/ Variedades	10	17	24	31	38	45	10	17	24	31	38	45
Tolerante ao calor	30.14	37.28	44.02	49.08	55.33	52.99	35.73	41.36	47.10	51.12	58.35	56.81
Sensível ao calor	27.40	33.30	40.18	45.30	49.30	48.27	31.77	37.96	43.69	47.78	53.88	51.52
Valor de t_{cal}	NS	2.89*	2.70*	2.31*	3.52**	2.71*	3.93**	2.92*	2.79*	2.29*	2.52*	2.60*

Quadro 26(b). Médias das variedades de trigo para a atividade da superóxido dismutase (ΔA/min/g FW) no primeiro e segundo anos

Época de sementeira→	Semeadura normal						Semeadura tardia					
DAA/ano	10	17	24	31	38	45	10	17	24	31	38	45
Primeiro	30.67	36.39	42.53	47.61	53.39	50.93	35.73	42.28	46.98	52.25	58.61	56.20
Segundo	28.77	35.29	42.10	47.19	52.31	50.63	33.75	39.66	45.39	49.45	56.12	54.16
Valor de t_{cal}	NS	NS	NS	NS	NS	NS	NS	2.48*	NS	NS	NS	NS

HT- Heat tolerant; **HS-** Heat susceptible; **DAA-** Days after anthesis; **E-** Environment **SS-Sunshine**; **RH-** Relative humidity; **CF-** Climatic factors ** Significativo a p=0,01; * Significativo a p=0,05

Tabela 26(c). Coeficientes de correlação entre os parâmetros climáticos e os diferentes teores de enzimas durante o primeiro ano (Rabi 2012-13)

	DHA	Peroxidase	Catalase	SOD	Tmax	Tmin	D	SS	RH
DHA									
Peroxidase	-1.000**								
Catalase	-1.000**	1.000**							
SOD	-1.000**	1.000**	1.000**						
Tmax	-1.000**	1.000**	1.000**	1.000**					
Tmin	-1.000**	1.000**	1.000**	1.000**	1.000**				
D	-1.000**	1.000**	1.000**	1.000**	1.000**	1.000**			
SS	0.999**	-0.999**	-0.998**	-0.999**	-0.999**	-0.999**	-1.000**		
RH	1.000**	- 1.000**	-1.000**	-1.000**	-1.000**	-1.000**	-1.000**	0.999**	

** Significativo a p=0,01; * Significativo a p=0,05

Tabela 26(d). Coeficientes de correlação entre os parâmetros climáticos e os diferentes teores de enzimas durante o segundo ano (Rabi 2013-14)

	DHA	Peroxidase	Catalase	SOD	Tmax	Tmin	D	SS	RH
DHA									
Peroxidase	-1.000**								
Catalase	-1.000**	1.000**							
SOD	-1.000**	1.000**	1.000**						
Tmax	-1.000**	1.000**	1.000**	1.000**					
Tmin	-1.000**	1.000**	1.000**	1.000**	1.000**				
D	-0.943**	1.000**	1.000**	0.945**	0.954**	0.946**			
SS	1.000**	-1.000**	-0.998**	-0.999**	-0.989**	-0.999**	-0.941**		
RH	1.000**	- 1.000**	-0.995**	-1.000**	-1.000**	-1.000**	-0.946**	0.999**	

** Significativo a p=0,01; * Significativo a p=0,05

DHA- Atividade da desidrogenase; **SOD-** Atividade da superóxido dismutase; **Tmax-** Temperatura máxima; **Tmin-** Temperatura **mínima**; **D-Tmax-Tmin**; **SS-** Sunshine;

RH- Humidade relativa

No segundo ano, sob sementeira normal, a variedade WH 1080 (33.52, 40.25, 47.52, 52.36, 58.73, 56.26) entre as tolerantes ao calor, enquanto que, entre as susceptíveis PBW 343 (30.21, 36.52, 44.16), DBW 17 (49.56, 54.79, 53.26) foram registadas as maiores actividades de SOD do que outras nos estádios de 10, 17, 24, 31, 38 e 45 DAA respetivamente (Quadro 26). A atividade enzimática foi mais baixa para a variedade Raj 3765 (25,62, 32,45, 40,25, 45,23, 53,23, 50,23) entre as tolerantes e entre as susceptíveis do que para as variedades PBW 621 (25,23), WH 147 (30,62, 36,85, 40,23, 44,52, 42,85) em diferentes fases do DAA. Sob semeadura tardia, as variedades PBW 373 (37,66), WH 1080 (43,65, 50,21, 55,85, 65,66, 65,25) entre as tolerantes, enquanto que entre as suscetíveis, as variedades WH 711 (33,23, 40,25), PBW 343 (46,58), DBW 17 (52,00), HD 2967 (56,12, 54,23) apresentaram maior atividade de SOD em diferentes estágios do DAA. Sob semeadura tardia, a variedade WH 1100 (33,65, 39,65, 45,15), Raj 3765 (48,53), WH 1100 (54,86, 52,41) entre as tolerantes, enquanto que, entre as suscetíveis, a variedade WH 147 (28,22, 33,85, 39,54, 44,25) e WH 711 (51,03, 48,23) em diferentes estágios do DAA registraram a menor atividade da SOD.

A atividade da superóxido dismutase aumentou com a progressão durante as fases de desenvolvimento e maturação das sementes. Ela foi mais alta nos estágios de maturidade fisiológica e declinou ainda mais. Nesta fase, WH 1080 (60.36, 67.43, 58.73, 65.66) tinha a maior atividade SOD entre as variedades tolerantes ao calor, tanto na sementeira do primeiro ano como na do segundo ano. Entre as variedades susceptíveis no primeiro ano, PBW 621 (55,81) e PBW 343 (61,00) e na segunda variedade DBW 17 (54,79), HD 2967 (56,12) registaram a atividade SOD mais elevada nas sementeiras normais e tardias (Quadro 25 & 26).

Em média, as variedades tolerantes ao calor apresentaram uma atividade SOD significativamente mais elevada em todas as fases, exceto aos 24 e 31 DAA, em ambas as sementeiras, tanto no primeiro como no segundo ano (Quadro 25 a & 26a). Depois de agrupadas todas as variedades tolerantes e susceptíveis ao calor como uma única unidade, no primeiro ano todas as variedades apresentaram maior atividade SOD do que no segundo ano apenas aos 17 DAA na sementeira tardia (Quadro 2b). Em geral, as variedades tolerantes e susceptíveis apresentavam uma atividade SOD mais baixa na sementeira normal em todas as fases do que na sementeira tardia em ambos os anos (quadros 25 e 26). Verificou-se que em todas as fases após a antese a temperatura máxima e mínima foi mais elevada na sementeira tardia do que na normal e em ambos os anos de registo de dados. Verificou-se também que a temperatura máxima e mínima foi mais elevada no primeiro do que no segundo ano em todas as fases após a antese.

4.1.18 Relação entre factores climáticos e diferentes enzimas em estudo (Tabela 26c)

De acordo com os coeficientes de correlação apresentados na Tabela 26(c), no primeiro ano a peroxidase (1.000**), catalase (1.000**), superóxido dismutase (1.000**) tiveram uma correlação positiva altamente significativa com a temperatura máxima média durante o desenvolvimento e maturação das sementes. Mas, com a desidrogenase (1.000**), a correlação foi negativa. Mais uma vez, estas enzimas peroxidase (1.000**), catalase (1.000**), superóxido dismutase (1.000**) tiveram uma correlação positiva altamente significativa com a temperatura mínima média, enquanto que com a desidrogenase (1.000**), foi significativa mas negativa. Estas enzimas também têm uma correlação positiva com a diferença de temperatura máxima e mínima, exceto a desidrogenase. Com as horas de sol e a humidade relativa, estas enzimas têm uma correlação significativa e negativa, exceto a desidrogenase, que tem uma correlação positiva.

Durante o segundo ano (Quadro 26d) também foram encontrados coeficientes de correlação semelhantes entre os factores climáticos e as diferentes enzimas.

4.2 Experiência 2: Estudar o efeito do stress térmico no rendimento do grão e nos seus componentes

4.2.1 Análise de Variância (ANOVA) para rendimento de grãos e seus componentes

A soma média dos quadrados (MSS) para diferentes rendimentos de grãos e seus componentes devido a fontes como anos, datas de sementeira e genótipos e suas interações é apresentada no Quadro 27. A soma média dos quadrados altamente significativa para o ano, as datas de sementeira e os genótipos e a sua interação indicaram a presença de uma quantidade substancial de variação para todos os parâmetros estudados. Também foram encontradas diferenças significativas entre as fontes (variedades) para responder a duas épocas de sementeira diferentes, para as quais as diferenças entre os factores climáticos são significativas.

Existem diferenças significativas entre os anos para todos os caracteres, exceto para o número de espigas por metro (Quadro 27). A data de sementeira foi significativa para todos os caracteres e a sua interação com os anos também foi significativa para todos os caracteres. Foi observada uma variação significativa entre as diferentes variedades de trigo no que diz respeito a todos os rendimentos de grãos e seus componentes, exceto o número de espigas por metro. A interação da data de sementeira com a variedade foi significativa para o número de grãos por espiga (média de cinco plantas), número de grãos por espiga, rendimento de grãos por planta. Da mesma forma, a interação do ano com a variedade foi significativa para o número de grãos por espiga (média de cinco plantas), número de grãos por espiga, rendimento de grãos por planta e índice de colheita. A interação entre anos, datas de sementeira e genótipos foi significativa para o número de espigas por metro, número de grãos por espiga (média de cinco plantas), rendimento de grãos por planta. O efeito dos anos no rendimento relativo de grãos dos genótipos de trigo foi de maior magnitude do que o efeito das datas de semeadura.

As médias das datas de sementeira, calculadas em relação a doze variedades, para o rendimento de grãos e a sua componente em estudo são apresentadas no Quadro 28. Todas as caraterísticas variaram consideravelmente entre as datas de sementeira para o rendimento e outros caracteres. A data normal de semeadura (25 de novembro[th]) é superior à data tardia, ou seja, 25 de dezembro[th]. Em média, a altura da planta (98,77 cm), o número de espigas por metro (136), o número de grãos por espiga (média de cinco plantas, 57), o número de grãos por espiga (52), o rendimento de grãos por planta (2,06 g) e o índice de colheita (43,54) foram mais elevados na condição de sementeira normal do que na sementeira tardia 88,87, 108, 46, 42, 1,59, 42,17 respetivamente, em todos os genótipos. A diferença entre a sementeira normal e a tardia para a altura da planta, número de espigas por metro, número de grãos por espiga (média de cinco plantas), número de grãos por espiga, rendimento de grãos por planta e índice de colheita foi de 9,9 cm, 28, 11, 10, 0,47 g, 1,37, respetivamente.

As médias do ano de sementeira, calculadas sobre doze variedades, para o rendimento de grãos e a sua componente em estudo são apresentadas no Quadro 29. Todas as caraterísticas variaram consideravelmente entre os anos de sementeira para o rendimento e outros caracteres. O desempenho do segundo ano foi melhor do que o do primeiro ano. Em média, o número de espigas por metro (123), o número de grãos por espiga (média de cinco plantas, 56), o número de grãos por espiga (57), o rendimento de grãos por planta (2,31 g) e o índice de colheita (46,89) foram significativamente mais elevados no segundo ano do que no primeiro ano 121, 47, 38, 1,34, 38,82, respetivamente, em todos os genótipos, exceto na altura da planta (95,41 cm), que foi mais elevada no primeiro ano. A diferença entre o segundo e o primeiro ano para o número de espigas por metro, número de grãos por espiga (média de cinco plantas), número de grãos por espiga, rendimento de grãos por planta, índice de colheita foram 2, 9, 18, 0,97 g, 8,07 respetivamente.

4.2.2 As médias do rendimento de grãos e seu componente para doze variedades tolerantes e suscetíveis ao calor em quatro ambientes são apresentadas na Tabela 30.

4.2.2.1 Altura da planta (cm)

Entre as variedades tolerantes ao calor, a WH 1021 (99,82 cm) e a variedade PBW 343 (102,31 cm), entre as susceptíveis, registaram a altura média máxima das plantas nas quatro condições   ambientais.   A diferença de altura entre estas duas variedades foi de 2,49 cm e a altura foi maior para as susceptíveis.

Do mesmo modo, entre as tolerantes, a variedade PBW 590 (88,81 cm) e a WH 711 (81,69 cm) entre as susceptíveis registaram a altura média das plantas mais baixa nos quatro ambientes. A diferença de altura entre estas duas variedades foi de 7,12 cm e a altura mais baixa foi registada na variedade suscetível.

4.2.2.2 Número de espigões/m

Entre as variedades tolerantes ao calor, a WH 1080 (124) e a variedade WH 147 (132), entre as susceptíveis, apresentaram o número médio máximo de espigas/m nas quatro condições ambientais. A diferença para o número de espigas/m entre estas duas variedades foi de 8 espigas/m e esta foi a maior para as susceptíveis.

Do mesmo modo, entre as tolerantes, a variedade PBW 373(117) e WH 711(120) entre as susceptíveis registaram o número médio de espigas/m mais baixo nos quatro ambientes. A diferença para o número de espigas/m entre estas duas variedades foi de 3 espigas/m e esta foi a mais baixa para as susceptíveis.

4.2.2.3 Número de grãos por espiga (média de cinco plantas)

Entre as variedades tolerantes ao calor, a WH 1100 (52) e a variedade PBW 621 (57), entre as susceptíveis, apresentaram o número médio máximo de grãos/espiga (média de cinco plantas) nas quatro condições ambientais. A diferença para o número de grãos/espiga (média de cinco plantas) entre estas duas variedades foi de 5 grãos/espiga e esta foi a maior para as susceptíveis. Da mesma forma, entre as tolerantes, a variedade Raj 3765(47) e WH 147(47) entre as susceptíveis registaram o menor número médio de espigas/m nos quatro ambientes. Não houve diferença no número de espigas/m entre essas duas variedades.

4.2.2.4 Número de grãos por espiga

Entre as variedades tolerantes ao calor, a PBW 590 (48) e a variedade PBW 621 (52), entre as susceptíveis, registaram o número médio máximo de

Quadro 27. Análise de variância combinada para o efeito do ano, da data de sementeira e das variedades no rendimento e nas caraterísticas agronómicas do trigo

Fonte de variação	Altura da planta	Número de picos por metro	Número de grãos por espiga (Média de 5 plantas)	Número de grãos por espiga	Rendimento de grãos por planta	Índice de colheita
Ano(A)	225.0**	225	2800.17**	12339.51**	34.26**	2345.87**
Data de sementeira (B)	28,786.77**	185.35**	4042.84**	3354.34*	7.78**	67.05*
Variedades(C)	198.86**	115	98.46**	106.06**	0.66*	75.16**
AXB	14280.25**	356.85**	68.06*	95.06*	0.19**	0.23
BXC	219.39	256.62	24.51*	45.54*	0.22**	16.74
AXC	258.83	168.23	44.29**	52.25**	0.44**	65.68**
AXBXC	314.29	123.52*	62.18**	34.65	0.31**	20.41

** Significativo a p=0,01; * Significativo a p=0,05

Tabela 28. Médias das caraterísticas agronómicas relativas à data de sementeira, calculadas em função das variedades e dos anos

Data de sementeira	Altura da planta	Número de espigas por metro	Número de grãos por espiga (média de 5 plantas)	Número de grãos por espiga	Rendimento de grãos	Índice de colheita

					por planta	
Semeadura normal	98.765	136.236	56.514	52.097	2.059	43.544
Semeadura tardia	88.867	107.958	45.917	42.444	1.594	42.167
CD (p=0,01)	NS	NS	4.058	5.168	0.195	NS

Quadro 29. Médias anuais dos caracteres agronómicos, calculadas em função das variedades e das datas de sementeira

Ano	Altura da planta	Número de espigas por metro	Número de grãos por espiga (Média de 5 plantas)	Número de grãos por espiga	Rendimento de grãos por planta	Índice de colheita
Primeiro	95.414	120.847	46.806	38.014	1.339	38.821
Segundo	92.218	123.347	55.625	56.528	2.314	46.890
CD (p=0,01)	2.449	5.651	1.656	2.110	0.080	NS

Tabela 30. Médias das caraterísticas agronómicas das variedades de trigo tolerantes e susceptíveis ao calor em quatro ambientes (épocas de sementeira)

	Variedades	Altura da planta	Número de espigão por metro	Número de grãos por espiga (média de 5 plantas)	Número de grãos por espiga	Rendimento de grãos por planta	Colheita índice
Tolerante ao calor	Raj 3765	95.35	122.67	47.08	46.08	1.91	43.42

	PBW-590	88.81	117.92	51.25	47.92	1.91	44.43
	WH-1080	96.34	124.42	49.33	41.83	1.60	42.66
	PBW-373	96.47	117.08	51.08	44.58	1.67	39.76
	WH-1100	95.70	118.67	51.58	46.83	1.99	41.53
	WH-1021	99.82	118.83	50.75	47.00	1.88	41.95
Sensível ao calor	PBW-343	102.31	122.08	51.67	48.92	1.87	44.78
	PBW-621	95.58	122.58	57.17	51.58	2.06	42.70
	DBW-17	83.45	125.50	54.75	50.00	1.81	47.25
	WH-147	93.40	131.83	47.42	43.58	1.24	37.84
	HD-2967	96.88	123.33	53.08	51.25	2.12	42.73
	WH-711	81.69	120.25	49.42	47.67	1.87	45.22
CD (p=0,01)		NS	19.575	5.738	NS	0.276	NS

Tabela 30 (a). Coeficientes de correlação entre os parâmetros meteorológicos e o rendimento e a sua componente no primeiro ano (Rabi 2012-13)

	PH	NSM	NGS (Avg. de 5)	NGS	GYP	HIP	Tmax	Tmin	D	SS	RH
PH											
NSM	1.000**										
NGS (média de 5)	1.000**	1.000**									

NGS	1.000 **	1.000 **	1.000 **							
PJG	1.000 **	1.000 **	1.000 **	1.000 **						
HIP	-1.000 **	-1.000 **	-1.000 **	-1.000 **	-1.000 **					
Tma x	-1.000 **	-1.000 **	-1.000 **	-1.000 **	-1.000 **	1.000 **				
Tmi n	-1.000 **	-1.000 **	-1.000 **	-1.000 **	-1.000 **	1.000 **	1.000 **			
D	-1.000 **	-1.000 **	-1.000 **	-1.000 **	-1.000 **	1.000 **	1.000 **	1.000 **		
SS	-0.906 **	-0.905 **	-0.906 **	-0.905 **	-0.905 **	0.911 **	0.905 **	0.905 **	0.907 **	
RH	1.000 **	1.000 **	1.000 **	1.000 **	0.999 **	-0.999 **	-1.000 **	-0.999 **	-1.000 **	-0.883 **

** Significativo a p=0,01; * Significativo a p=0,05

PH-Altura **da planta**; NSM-Número de espiga por metro; NGS-Número de grãos por espiga; GYP-Rendimento **de grãos** por planta; HIP-Índice de colheita por planta; **Tmax-Temperatura** máxima; Tmin-Temperatura **mínima;**

D-Tmax-Tmin; SS- Sol; **RH- Humidade** relativa

Tabela 30 (b). Coeficientes de correlação entre os parâmetros meteorológicos e o rendimento e a sua componente no segundo ano (Rabi 2013-14)

	PH	NSM	NGS (méd ia de 5)	NGS	GYP	HIP	Tma x	Tmin	D	SS	R H
PH											

NSM	1.000**									
NGS (média de 5)	1.000**	1.000**								
NGS	1.000**	1.000**	1.000**							
GYP	1.000**	1.000**	1.000**	1.000**						
HIP	1.000**	1.000**	1.000**	1.000**	1.000**					
Tmax	-1.002**	-1.002**	-1.002**	-1.002**	-1.002**	-1.002**				
Tmin	-1.012**	-1.013**	-1.012**	-1.012**	-1.012**	-1.012**	1.008**			
D	-0.999**	-0.999**	-0.999**	-0.999**	-0.999**	-0.999**	1.008**	1.001**		
SS	0.986**	0.986**	0.986**	0.985**	0.986**	0.987**	-0.968**	-1.004**	-0.968**	
RH	-0.999**	-0.999**	-0.999**	-0.999**	-0.999**	-0.999**	1.004**	1.008**	0.998**	-0.983**

** Significativo a p=0,01; * Significativo a p=0,05

PH-Altura **da planta**; NSM-Número de espiga por metro; NGS-Número de grãos por espiga; GYP-Rendimento **de grãos** por planta; HIP-Índice de colheita por planta; **Tmax-Temperatura** máxima; Tmin-Temperatura **mínima;**

D-Tmax-Tmin; SS- Sunshine; **RH-** Relative humidity grain/spike nas quatro condições ambientais. A diferença do número de grãos/espigas entre estas duas variedades foi de 4 grãos/espigas e este número de grãos/espigas foi mais elevado para a variedade suscetível.

Do mesmo modo, entre as tolerantes, a variedade WH 1080 (42) e WH 147 (44) entre as susceptíveis registaram o número médio de espigas/m mais baixo nos quatro ambientes. A diferença para o número de grãos/espigas entre estas duas variedades foi de 2 grãos/espigas e este grão/espiga foi mais elevado para a variedade suscetível.

4.2.2.5 Rendimento de grãos por planta (g)

Entre as variedades tolerantes ao calor, a WH 1100 (1,99 g) e a variedade PBW 621 (2,06 g) entre as susceptíveis tiveram um rendimento máximo de grãos por planta nas quatro condições ambientais. A diferença de rendimento de grãos por planta entre estas duas variedades foi de 0,07 g e este rendimento de grãos por planta foi mais elevado para as susceptíveis.

Do mesmo modo, entre as tolerantes, a variedade WH 1080 (1,60 g) e WH 147 (1,24 g) entre as susceptíveis registaram o rendimento médio de grãos por planta mais baixo nos quatro ambientes. A diferença de rendimento de grão por planta entre estas duas variedades foi de 0,36 g de rendimento de grão por planta e esta foi a maior para a tolerante.

4.2.2.6 Índice de colheita por planta

Entre as variedades tolerantes ao calor, a PBW 590 (44,43) e a variedade DBW 17 (47,25), entre as susceptíveis, apresentaram um índice de colheita máximo por planta nas quatro condições ambientais. A diferença para o índice de colheita por planta entre estas duas variedades foi de 2,82 e este índice de colheita por planta foi mais elevado para as susceptíveis.

Do mesmo modo, entre as tolerantes, a variedade PBW 373 (39,76) e WH 147 (37,84) entre as susceptíveis registaram o índice de colheita mais baixo por planta nos quatro ambientes. A diferença para o índice de colheita por planta entre estas duas variedades foi de 1,92 e este índice de colheita por planta foi mais elevado para a tolerante.

4.2.2.7 Relação entre os factores climáticos e o rendimento do grão e a sua componente (Quadro 30a)

De acordo com os coeficientes de correlação como dado na tabela 30(a) No primeiro ano, a altura da planta (1.000**), número de espigas por metro (1.000**), número de grãos por espiga (média de cinco plantas) (1.000**), número de grãos por espiga (1.000**), rendimento de grãos por planta (1.000**), índice de colheita por planta (1.000**) estavam tendo uma correlação negativa altamente significativa com a temperatura máxima média durante todo o estágio fenológico. Mais uma vez, esses parâmetros, ou seja, altura da planta (1.000**), número de espigas por metro (1.000**), número de grãos por espiga (média de cinco plantas) (1.000**), número de grãos por espiga (1.000**), rendimento de grãos por planta (1.000**), índice de colheita por planta (1.000**) tiveram correlação negativa altamente significativa com a temperatura mínima média. Esses parâmetros também têm correlação negativa com a diferença de temperatura máxima e mínima com o mesmo valor (0,999**). Com a hora de sol foi positivo mas negativo com a humidade relativa, estes parâmetros têm valores diferentes de correlação significativa.

Durante o segundo ano (Quadro 30b) também foram encontrados coeficientes de correlação semelhantes entre os factores climáticos e o rendimento dos grãos e seus componentes.

4.3 Experiência 3: Avaliação da capacidade de armazenamento relativa dos genótipos de trigo acima referidos

Para avaliar o armazenamento relativo das sementes das variedades tolerantes e susceptíveis ao calor, colhidas depois de cultivadas em duas condições de sementeira, ou seja, normal e tardia, foram utilizados dois testes: envelhecimento acelerado e condutividade eléctrica. Para o envelhecimento acelerado, foi registada a percentagem de germinação e, para a condutividade eléctrica, a condutividade dos lixiviados de sementes, sendo os mesmos apresentados no quadro 31. Não se registaram diferenças significativas entre os anos para todos os períodos de armazenamento com base no envelhecimento acelerado. Mas a condutividade eléctrica revela uma diferença significativa entre os anos. A diferença entre as datas de sementeira foi significativa para todos os períodos de armazenamento e a sua interação com as estações também foi significativa para todos os períodos de armazenamento. Observou-se uma variação significativa entre as diferentes variedades de trigo em relação a todos os períodos de armazenamento com base no envelhecimento acelerado e na condutividade eléctrica. A interação da data de sementeira com a variedade foi significativa para todos os períodos de armazenamento, ou seja, 3, 6, 9 e 12 meses, com base tanto no envelhecimento acelerado como na condutividade eléctrica. A interação do ano com os genótipos, bem como a interação entre os anos, as datas de sementeira e os genótipos não foi significativa para todos os períodos de armazenamento, com base no envelhecimento acelerado e na condutividade eléctrica.

4.3.1 Avaliação da capacidade de armazenamento relativa pelo teste AA

As médias das datas de sementeira, calculadas para doze variedades e para todos os períodos de armazenamento, com base no envelhecimento acelerado, são apresentadas no Quadro 32. A percentagem de germinação (84,40, 76,92, 63,49 e 51,39) foi mais elevada após o envelhecimento acelerado em todos os meses (3, 6, 9 e 12 meses, respetivamente) do período de armazenamento em condições de sementeira normal do que em condições de sementeira tardia. Isto mostra que o armazenamento relativo é melhor para as variedades em condições de sementeira normal do que em condições de sementeira tardia.

A data normal de sementeira foi (25 de novembro[th]), sendo superior à data de sementeira tardia, ou seja, 25 de dezembro[th] . Verificou-se que, em todas as fases após a antese, as temperaturas máxima e mínima foram mais elevadas nas condições de sementeira tardia em comparação com as condições de sementeira normal e em ambos os anos de registo de dados.

As médias das datas de sementeira, calculadas em média para doze variedades, para todos os períodos de armazenamento com base no envelhecimento acelerado, são apresentadas no Quadro 33. A percentagem de germinação (83,90, 75,24, 63,94 e 49,44) foi significativamente maior após o envelhecimento acelerado em todos os meses (3, 6, 9 e 12 meses, respetivamente) do período de armazenamento no segundo ano do que no primeiro ano. Isto mostra que o armazenamento relativo é melhor para as variedades no segundo ano do que no primeiro ano. Verificou-se também que as temperaturas máxima e mínima foram mais elevadas no primeiro ano do que no segundo, em todas as fases após a antese.

4.3.2 Avaliação da capacidade de armazenamento relativa através do ensaio CE

As médias das datas de sementeira, calculadas para doze variedades e para todos os períodos de armazenamento, com base na condutividade eléctrica, são apresentadas no Quadro 34. A condutividade eléctrica (0,115, 0,162, 0,173 e 0,181) foi mais baixa em todos os meses (3, 6, 9 e 12 meses, respetivamente) do período de armazenamento em condições de sementeira normal do que em condições de sementeira tardia. Isto mostra que o armazenamento relativo é melhor para as variedades em condições de sementeira normal do que em condições de sementeira tardia. A data de sementeira normal (25 de novembro[th]) é superior à data de sementeira tardia, ou seja, 25 de dezembro[th] .

Quadro 31. Análise de variância combinada para o efeito do ano, da data de sementeira e das variedades no ensaio de AA e CE

	Ensaio de aceleração do envelhecimento (SG%)				Teste de condutividade eléctrica (dS/cm/50 sementes)			
Fonte de variação	3 meses	6 meses	9 meses	12 meses	3 meses	6 meses	9 meses	12 meses
Ano(A)	7.56	7.563	7.563	7.56	0.001 **	0.002 *	0.002 **	0.002 **
Data de sementeira (B)	76.56*	525.14 **	1161.67 **	680.34 **	0.011 **	0.000 1	0.000 1	0.000 1
Variedades(C)	79.95**	274.52 **	419.03*	171.86 **	0.001 *	0.001 *	0.000 1	0.000 1
AXB	232.56 **	232.56 *	232.56*	232.56 *	0.000 1	0.000 1	0.000 1	0.000 1
BXC	47.96**	380.84 **	370.73*	232.56 **	0.001 **	0.001 **	0.001 **	0.001 **
AXC	35.41*	35.41	35.41	35.41	0.000 1	0.000 1	0.000 1	0.000 1
AXBXC	10.23	10.23	10.23	10.23	0.000 1*	0.000 1	0.000 1	0.000 1

** Significativo a p=0,01; * Significativo a p=0,05

Tabela 32. Médias das datas de sementeira da germinação após o ensaio AA, calculadas com base nas variedades e nos anos

Data da sementeira/Duração (meses)	3	6	9	12
Semeadura normal	82.94	76.92	63.49	51.39
Semeadura tardia	84.40	76.28	60.88	47.04
CD(p=0,01)	4.56	6.60	7.77	7.48

Tabela 33. Médias das datas de sementeira da germinação após o ensaio AA, calculadas em relação às datas de sementeira e aos anos

Ano de sementeira/Duração (meses)	3	6	9	12
Primeiro	83.44	74.78	63.49	48.98
Segundo	83.90	75.24	63.94	49.44
CD (p=0,05)	1.863	2.738	3.104	3.053

Quadro 34 Médias das datas de sementeira para a Condutividade Eléctrica, calculadas em função dos genótipos e dos anos

Data da sementeira/Duração (meses)	3	6	9	12
Semeadura normal	0.115	0.162	0.173	0.181
Semeadura tardia	0.125	0.165	0.176	0.183
CD(p=0,01)	0.010	0.021	0.018	0.015

Capítulo V

DISCUSSÃO

O aumento constante da temperatura ambiente é considerado um dos stresses mais prejudiciais entre os componentes do ambiente. Prevê-se que a temperatura global do ar aumente 0,2°C por década, o que levará a uma temperatura 1,8-4,0°C mais elevada do que o nível atual até 2100 (IPCC, 2007). Esta previsão está a criar apreensão entre os investigadores, uma vez que o stress térmico tem efeitos conhecidos nos processos vitais dos organismos, actuando diretamente ou através da modificação dos componentes ambientais circundantes. As plantas, em particular, como organismos sésseis, não podem deslocar-se para ambientes mais favoráveis; consequentemente, o crescimento e os processos de desenvolvimento das plantas são substancialmente afectados, muitas vezes de forma letal, pelo stress provocado por temperaturas elevadas (Lobell *et al.*, 2003, 2007). O stress térmico provoca alterações multifacetadas e frequentemente adversas no crescimento, desenvolvimento, processos fisiológicos e rendimento das plantas (Hasanuzzaman *et al.*, 2012, 2013). Uma das principais consequências do stress térmico é a produção excessiva de espécies reactivas de oxigénio (ROS), que conduz ao stress oxidativo (Hasanuzzaman *et al.*, 2012, 2013). As plantas lutam continuamente pela sobrevivência em várias condições de stress ambiental, incluindo a HT. Uma planta é capaz, até certo ponto, de tolerar o stress térmico através de alterações físicas no corpo da planta e, frequentemente, através da criação de sinais para alterar o metabolismo.

As plantas alteram o seu metabolismo de várias formas em resposta ao HT, particularmente através da produção de solutos compatíveis que são capazes de organizar proteínas e estruturas celulares, manter o turgor celular por ajuste osmótico e modificar o sistema antioxidante para restabelecer o equilíbrio redox celular e a homeostase (Valliyodan e Nguyen, 2006; Munns e Tester, 2008; Janska *et al.*, 2010)

As respostas das plantas à HT variam consoante o grau de temperatura, a duração e o tipo de planta. Em situações extremas de HT, podem ocorrer danos celulares ou morte celular em minutos, o que pode levar a um colapso catastrófico da organização celular (Ahuja *et al,* 2010). O stress térmico afecta todos os aspectos dos processos vegetais, como a germinação, o crescimento, o desenvolvimento, a reprodução e o rendimento (Hasanuzzaman *et al.,* 2013; Mittler e Blumwald, 2010; Lobell *et al.,* 2011; McClung e Davis, 2010). O stress térmico afecta diferencialmente a estabilidade de várias proteínas, membranas, espécies de RNA e estruturas do citoesqueleto, e altera a eficiência das reacções enzimáticas na célula para a qual os principais processos fisiológicos obstáculo e cria desequilíbrio metabólico (Ruelland e Zachowski, 2010; Suzuki *et al,* 2011, 2012; Pagamas e Nawata, 2008) No caso do trigo cultivado a 30/25°C dia/noite aos 60 DAS até à fase de maturação, o efeito da temperatura elevada leva à redução do tamanho das folhas, à redução do período de dias até ao arranque, ao vingamento, à antese e à maturação, à redução drástica do número de grãos/espiga e ao tamanho mais pequeno dos grãos e à redução do rendimento. O presente estudo foi realizado para avaliar os parâmetros de vigor das sementes para a tolerância ao calor em genótipos/variedades de trigo tolerantes e susceptíveis, com os seguintes objectivos

❖ Avaliar genótipos de trigo quanto ao potencial de vigor das sementes e à tolerância ao calor durante a fase de enchimento dos grãos.

❖ Determinar a relação entre os factores climáticos, os parâmetros de vigor das sementes e a componente de rendimento.

❖ Estudar o efeito do stress térmico na capacidade de armazenamento das sementes.

5.1 Estudos do vigor das sementes durante a fase de enchimento do grão em condições de campo

5.1.1 Peso de 100 sementes

O peso das sementes é um parâmetro de qualidade importante. Apresenta uma associação positiva com o potencial de vigor do lote de sementes em várias culturas. Os resultados revelaram que, em condições normais e tardias de sementeira em ambos os anos, as variedades tolerantes ao calor Raj 3765 e WH 1080 (recomendadas para sementeira tardia) e as variedades susceptíveis ao calor DBW 17, HD 2967 e WH 711 atingiram pesos médios de sementes mais elevados devido à acumulação de matéria seca. Esta tendência manteve-se durante todas as fases de desenvolvimento e maturação das sementes. O peso aumentou com a progressão dos estágios reprodutivos e de enchimento de grãos. O peso máximo da semente foi atingido após 38 DAA (provável estágio PM) e declinou mais. As variedades tolerantes ao calor apresentaram um peso de sementes significativamente mais elevado do que as variedades susceptíveis em todas as fases. Após 38 DAA, foi 9,28 e 9,81 maior em condições de semeadura normal e tardia, respetivamente. As variedades tolerantes ao calor podem ter uma melhor relação fonte-subsolo e acumulação de matéria seca mesmo a temperaturas mais elevadas (>32°C) e temperatura diferencial (>16°C).

As variedades tolerantes ao calor também tiveram melhor desempenho em condições de sementeira normal do que em condições de sementeira tardia. Vários trabalhadores referiram que as variedades de culturas sensíveis foram mais severamente afectadas pelo stress térmico do que as variedades tolerantes. Sob stress térmico de 35-40°C, o peso de mil grãos foi reduzido em 7,0-7,9% na variedade de arroz sensível Shuanggui 1 e em 3,4%-4,4% na variedade tolerante Huanghuazhan (Ahmed *et al.*, 2010). A temperatura nocturna elevada (32 °C) aumentou a esterilidade das espiguetas (61%) e aumentou a concentração de azoto no grão (44%), o que foi inversamente relacionado com o peso do grão (Suwa *et al.*, 2010). O stress provocado por temperaturas elevadas altera as fases iniciais da massa e da maturação e encurta o período de dessecação do grão, causando perdas de rendimento do trigo (Saitoh, 2008). A redução do peso de mil grãos foi de 11,3% por grau centígrado de aumento da temperatura média desde a antese até à maturidade fisiológica sob stress térmico, em comparação com condições mais frias (Mohammadi, 2012).

5.1.2 Teor de humidade das sementes (SMC)

A água desempenha um papel significativo em todas as fases do crescimento das plantas e do desenvolvimento das sementes. A condutância estomática e a taxa de transpiração foram influenciadas pela temperatura da folha e da copa (Farooq *et al.*, 2009a, b). Foi observada uma tendência na maioria das espécies de culturas para conservar a água em detrimento da regulação da temperatura, particularmente quando as temperaturas excedem os 30ºC (Mart'ınez-Ballesta, 2009). A dinâmica do balanço hídrico e térmico altera-se durante as fases de enchimento do grão no trigo. Varia ao longo das diferentes fases e o teor relativo de água é ligeiramente afetado pelas temperaturas dia/noite de 40/30ºC (Machado e Paulsen, 2001).

No presente estudo, o SMC diminuiu de mais de 80,0 % para menos de 20,0 % com a progressão dos estágios de enchimento de grãos após a antese. Ela diminuiu rapidamente durante os estágios de maturação da semente por causa da dessecação mais rápida devido ao aumento da temperatura (> 30ºC). A taxa de secagem em estágios mais avançados (após 31 DAA) foi encontrada pelo menos 15,0 % mais alta nas variedades tolerantes do que nas suscetíveis. A SMC foi de cerca de 40,0 % no estádio 38 DAA, provável estádio de maturidade fisiológica. As variedades tolerantes ao calor (WH 1080 e PBW 590) e as variedades susceptíveis (PBW 621 e WH 711) tiveram comparativamente maior SMC do que outras em diferentes fases, no entanto, em média, as variedades HT tiveram significativamente menor SMC em todas as fases em ambas as sementeiras e anos. Assim, as temperaturas máximas mais elevadas (>31ºC) e o diferencial dia/noite (>18ºC), juntamente com a baixa humidade relativa, podem ter uma maior influência no vigor e no potencial de rendimento das variedades susceptíveis em comparação com as variedades tolerantes durante os estádios de maturação, particularmente em condições de sementeira tardia. A temperatura elevada tende a aumentar a condutividade hidráulica das membranas e dos tecidos vegetais devido ao aumento da atividade das aquaporinas, da fluidez e da permeabilidade das membranas (Mart'ınez-Ballesta, 2009) e, em maior grau, reduz a viscosidade da água com o aumento da temperatura. Em alternativa, o aumento da permeabilidade das membranas pode provocar a desidratação dos grãos, sobretudo se os gradientes que determinam o fluxo de água nos grãos forem perturbados pelo stress térmico (Cochard *et al.*, 2007).

5.1.3 Dias até ao cabeçalho

O termofotoperíodo desempenha um papel fundamental em muitos processos que ocorrem durante a fase reprodutiva. A época de colheita indica o início da fase reprodutiva e, posteriormente, o desenvolvimento e a maturação das sementes. Varia consoante as variedades e a época de sementeira. A emergência precoce da cabeça da espiga apareceu na variedade WH 1080 (95 dias em condições normais de sementeira e 71 dias em condições de sementeira tardia), enquanto nas variedades PBW 343 e WH 147 a cabeça da espiga emergiu tardiamente (106 dias em condições normais de sementeira e 81 dias em condições de sementeira tardia). Em todas as variedades, a cabeça da espiga emergiu cerca de 25 dias mais cedo em condições de sementeira tardia do que em condições de sementeira normal. Para além disso, as variedades tolerantes ao calor têm um número significativamente menor de dias para o abrolhamento (6 dias) em comparação com as variedades HS em ambas as sementeiras e anos. Isto indica claramente que as variedades HT amadureceram mais cedo em ambas as condições de sementeira. A maturação e o vingamento precoces evitaram os riscos de perdas qualitativas e quantitativas devidas ao stress térmico, uma vez que o aumento anormal da temperatura ocorreu sobretudo em fases posteriores do desenvolvimento. Resultados semelhantes foram registados por Araus, *et al.* (2007) na cultura do trigo. Os genótipos relativamente precoces em termos de maturidade diferiram significativamente entre locais. A diminuição da duração do ciclo de vida das culturas com o atraso da sementeira e a coincidência do stress térmico terminal no período de enchimento dos grãos provocou um rendimento biológico inferior (Rane, *et al.*, 2007; Islam *et. al.*, 2013).

5.1.4 Dias até à maturidade fisiológica e colhível

A avaliação correta dos estádios de maturidade fisiológica e de colheita permite evitar certas perdas durante o programa de produção de sementes. É interessante notar que as variedades que tiveram a cabeça cedo também atingiram a maturidade fisiológica (PM) cedo e vice-versa. De um modo geral, todas as variedades atingiram a PM após os dias de rebentação em condições de sementeira normal e tardia em ambos os anos. Verificou-se uma diferença de 5-6 dias entre as variedades tolerantes e susceptíveis. As variedades HT levaram um número significativamente menor de dias para atingir a maturidade fisiológica. A tendência semelhante foi observada em todas as variedades para atingir a maturidade de colheita, que ocorreu 7-15 dias após a maturidade fisiológica. Além disso, o período mais crítico foi encontrado entre 25 e 52 DAA (meados de março a meados de abril). Se a temperatura subir abruptamente durante este período, as variedades susceptíveis ao calor sofrerão mais perdas em termos de rendimento e qualidade em comparação com as variedades tolerantes ao calor, especialmente em culturas semeadas tardiamente. Rehman *et al.* 2009 também referiram que uma temperatura mais elevada melhorava o crescimento das plantas, a floração e a maturação do trigo, o que resultava numa redução significativa do número de dias para o arranque, a floração, a antese e a maturação, que variava consoante os genótipos.

5.1.5 Germinação padrão

A germinação padrão é um teste de qualidade amplamente utilizado para avaliar o valor de plantação e o desempenho no campo de um lote/variedade de sementes. Sabe-se que as condições meteorológicas durante o desenvolvimento e a maturação das sementes afectam a germinação das sementes (Junttile, 1973; Sawhney e Naylor, 1978; Fussel e Pearson, 1980; Moss e Mullett, 1982; Alexander e Wulff, 1985; Reddy *et al.*, 1985; Sawhney e Quick, 1985). No presente estudo, todas as variedades atingiram a capacidade de germinar após 10-17 dias após a antese. Depois disso, verificou-se uma tendência crescente e a germinação máxima (%) foi registada aos 38 DAA (acima do IMSCS) em ambas as condições de sementeira. Foram observadas diferenças significativas e a sua interação com as condições ambientais entre as variedades. As variedades tolerantes ao calor (Raj 3765 e WH 1080) e as variedades susceptíveis (PBW 343 e HD 2967) registaram uma germinação comparativamente mais elevada em diferentes fases de desenvolvimento das sementes. Em média, as variedades tolerantes tiveram uma percentagem de germinação significativamente mais elevada em todas as fases, especialmente nas fases iniciais. Registou-se uma temperatura comparativamente mais elevada em diferentes fases em condições de sementeira tardia do que normal. Vários trabalhadores referiram diferenças significativas entre variedades e a sua interação com as temperaturas. Relativamente às diferenças genotípicas, investigadores anteriores referiram que o efeito da temperatura durante o desenvolvimento e maturação na germinação e viabilidade das sementes pode variar com a cultivar (Sawhney e Naylor, 1978; Moss e Mullett, 1982). Sugeriram que o efeito resultante é uma interação entre o genótipo e as condições de temperatura experimentadas pelas plantas durante o desenvolvimento e a maturação das sementes. O calor reduziu a percentagem de germinação, a emergência das plantas, as plântulas anormais, o fraco vigor das plântulas, o crescimento reduzido da radícula e da plúmula das plântulas geminadas são os principais impactos causados pelo stress térmico documentado em várias espécies de plantas cultivadas (Kumar *et al.*, 2011; Piramila *et al.*, 2012; Toh *et al.*, 2008).

5.1.6 Comprimento das plântulas

O comprimento da plântula é um componente no cálculo do índice de vigor I. Inclui o comprimento da raiz e do rebento. Ele mostra o vigor do lote de sementes. No presente estudo, todas as variedades atingiram algum comprimento de plântula quando tiveram a capacidade de germinar após 10-17 dias após a antese. Depois disso, foi encontrada uma tendência crescente e o comprimento máximo das plântulas (cm) foi registado aos 38 DAA em ambas as condições de sementeira. Foram observadas diferenças significativas e a sua interação com as condições ambientais entre as variedades. As variedades tolerantes ao calor (WH 1021 e PBW 590) e as variedades susceptíveis (WH 711, PBW 343 e DBW 17) registaram comparativamente um maior comprimento de plântulas em diferentes fases de desenvolvimento e maturação das sementes. Em média, as variedades tolerantes registaram um comprimento de plântula significativamente mais elevado em todas as fases. A temperatura foi comparativamente mais elevada em diferentes fases em condições de sementeira tardia do que normal. As variedades registaram um comprimento de plântula mais elevado em condições de sementeira normal do que em condições de sementeira tardia. Vários trabalhadores registaram diferenças significativas entre as variedades e a sua interação com as temperaturas. O stress provocado por temperaturas elevadas leva a um fraco vigor das plântulas, à redução do crescimento da radícula e da plúmula das plântulas geminadas e foi documentado em várias espécies de plantas cultivadas (Kumar *et al.*, 2011; Piramila *et al.*, 2012; Toh *et al.*, 2008). O vigor das plântulas, indicado pelo peso seco dos rebentos e das raízes, pelo comprimento das raízes das plântulas e pelo número de raízes das plântulas, foi reduzido por tratamentos com temperaturas elevadas em várias cultivares (Grass e Burris, 1995). As sementes obtidas de plantas cultivadas em condições de temperatura elevada produziram plântulas mais pequenas com peso seco inferior e raízes mais curtas e em menor número do que as sementes produzidas a temperaturas baixas (Grass e Burris, 1995).

5.1.7 Peso seco das plântulas

O peso seco das plântulas é um componente no cálculo do índice de vigor-II. Inclui o peso seco da raiz e do rebento. Mostra o vigor do lote de sementes. O peso seco das plântulas é afetado por muitos factores. Estes factores são bióticos e abióticos. Entre os factores abióticos, o calor, a seca, etc., têm um impacto negativo no vigor das sementes. O vigor das plântulas, expresso em peso seco das plântulas, foi influenciado significativamente pelo efeito combinado dos genótipos e da temperatura da planta-mãe. O peso seco das plântulas diminuiu em todos os genótipos/variedades de trigo quando a planta-mãe sofreu stress térmico após a antese e a redução foi significativa para os genótipos/variedades. No presente estudo, todas as variedades atingiram algum peso seco de plântula quando tiveram a capacidade de germinar e resultaram em algum comprimento de plântula após 10-17 dias após a antese. Depois disso, foi encontrada uma tendência crescente e o peso seco máximo das plântulas (mg) foi registado aos 38 DAA em ambas as condições de sementeira. Foram observadas diferenças significativas e a sua interação com as condições ambientais entre as variedades. As variedades tolerantes ao calor (WH-1100, WH1021 e Raj 3765) e as variedades susceptíveis (HD 2967 e PBW343) registaram um peso seco de plântulas comparativamente mais elevado em diferentes fases de desenvolvimento e maturação das sementes. Em média, as variedades tolerantes registaram um peso seco das plântulas significativamente mais elevado em todas as fases. A temperatura foi comparativamente mais elevada em diferentes fases em condições de sementeira tardia do que normal. As variedades registaram um peso seco das plântulas mais elevado em condições de sementeira normal do que em condições de sementeira tardia. Vários trabalhadores registaram diferenças significativas entre as variedades e a sua interação com as temperaturas. Em contraste com a germinação, o vigor das plântulas, indicado pelo peso seco dos rebentos e das raízes, pelo comprimento das raízes das plântulas e pelo número de raízes das plântulas, foi reduzido por tratamentos com temperaturas elevadas em várias cultivares (Grass e Burris, 1995). As sementes obtidas de plantas cultivadas em condições de alta temperatura produziram plântulas mais pequenas, com menor peso seco e raízes mais curtas e em menor número do que as sementes produzidas a baixas temperaturas (Grass e Burris,

1995). O mesmo resultado foi também registado por vários trabalhadores, Grass e Burris (1995a) e Sechnyak *et al.* (1985) no trigo, por Keigley e Mullen (1986) e Egli *et al.* (2005) na soja, por Fussel e Pearson (1980) no grão de milho-miúdo e por Steiner e Opoku-Boateng (1991) em sementes maduras de alface, que indicam que o peso das plântulas diminui com o aumento da temperatura da planta-mãe.

5.1.8 Índices de vigor

O comprimento das plântulas (comprimento das raízes + comprimento dos rebentos) e o seu peso seco são considerados para calcular os índices de vigor I e II. Estas caraterísticas das plântulas estavam fortemente associadas ao respetivo índice de vigor, ou seja, ao potencial de vigor de um lote de sementes. Todos estes caracteres foram também significativamente correlacionados com o estabelecimento das plântulas e com a capacidade relativa de armazenamento em muitas culturas. Curiosamente, as variedades com valores mais elevados para o comprimento das plântulas e o peso seco foram também consideradas comparativamente mais vigorosas. No presente estudo, os resultados revelaram que as variedades tolerantes ao calor (Raj 3765) e susceptíveis (PBW 343, HD 2967) apresentaram valores mais elevados em todas as fases, tanto na sementeira como nos anos. As magnitudes de todos estes parâmetros aumentaram com a progressão dos estádios de desenvolvimento e atingiram os valores mais elevados aos 38 DAA (estádio PM). Em média, as variedades tolerantes apresentaram valores significativamente mais elevados para o comprimento das plântulas (21,5, 22,6%), peso seco das plântulas (23,3, 25,0%), índice de vigor-I (26,6,

31,2) e índice de vigor-II (30,7, 33,5%), em condições de sementeira normal do que tardia, respetivamente.

As temperaturas máxima, mínima e diferencial foram registadas em condições de sementeira tardia em relação às normais em ambos os anos. O stress térmico reduziu a percentagem de germinação, a emergência no campo, o comprimento e o vigor das plântulas, o crescimento da radícula e da plúmula das plântulas emergidas, sendo os principais impactos causados pelo stress térmico relatados em várias espécies de plantas cultivadas (Toh *et al.*, 2008; Kumar *et al.*, 2011; Piramila *et al.*, 2012). O comprimento das plântulas, a germinação e o potencial de vigor foram reduzidos por tratamentos com temperaturas elevadas em várias cultivares (Grass e Burris, 1995). As sementes obtidas de plantas cultivadas em condições de alta temperatura produziram plântulas mais pequenas com menor peso seco do que as sementes produzidas a baixas temperaturas.

O potencial de vigor é afetado por uma série de factores bióticos e abióticos. Os factores abióticos, como o calor e a seca, têm um impacto negativo no vigor das sementes. Grass e Burris (1995a) referiram que a germinação foi prejudicada e o vigor das sementes de trigo diminuiu, o que se reflectiu numa redução do peso seco dos rebentos e das raízes e numa maior condutividade das sementes devido às temperaturas mais elevadas registadas durante o desenvolvimento e a maturação das sementes.

Em geral, as variedades tolerantes apresentaram maior peso seco e vigor das plântulas em todas as fases da sementeira normal do que na tardia, em ambos os anos. A temperatura (máxima e mínima) foi mais elevada nas condições de sementeira tardia do que nas normais.

Resultados semelhantes foram também registados no trigo (Sechnyak *et al.* 1985; Grass e Burris, 1995),   na soja (Keigley e Mullen, 1986 e Egli *et al.* 2005),   no milho-miúdo (Fussel e Pearson, 1980) e   em sementes maduras de alface (Steiner e Opoku-Boateng, 1991).

A relação entre os factores climáticos e os parâmetros de vigor das sementes foi determinada através da estimativa dos coeficientes de correlação entre si. De um modo geral, os índices de vigor foram significativa e negativamente correlacionados com as temperaturas máxima, mínima e diferencial, mas positivamente com as horas de sol e a humidade relativa em ambos os anos. Isto indica claramente que a temperatura óptima para a cultura do trigo aumentaria; obter-se-iam sementes menos vigorosas. Além disso, o vigor das sementes, indicado pela densidade das sementes, a condutividade dos lixiviados das sementes, o peso seco das plântulas, a produção de plântulas normais, a eficiência da utilização das reservas de sementes e a emergência das plântulas foram reduzidos em todas as variedades de trigo devido ao aumento da temperatura de crescimento da planta-mãe, mas os genótipos/variedades de trigo sensíveis ao calor foram mais afectados do que os genótipos/variedades tolerantes ao calor. Assim, as sementes de qualidade da cultura do trigo podem ser produzidas em condições normais de sementeira. Se a sementeira for um pouco mais tardia, deve ser iniciada a produção de sementes de variedades tolerantes ao calor recomendadas para sementeira tardia.

5.1.9 Estabilidade térmica da membrana na antese

Observou-se que o stress oxidativo induzido pelo calor (33°C) danificou as propriedades das membranas, a degradação das proteínas e a desativação de enzimas no trigo, o que reduziu notavelmente a viabilidade celular. O stress oxidativo induzido pelo calor também aumentou significativamente a peroxidação da membrana e reduziu a termoestabilidade da membrana em 28% e 54%, o que, surpreendentemente, aumentou a fuga de electrólitos no trigo. O stress provocado por temperaturas elevadas provocou a peroxidação dos lípidos da membrana e agravou a lesão da membrana também observada no algodão, sorgo e soja.

Os resultados revelaram que a estabilidade térmica da membrana foi mais baixa para a Raj 3765 em ambas as condições de sementeira, em ambos os anos, entre as variedades tolerantes ao calor. Entre as variedades susceptíveis WH 711 e PBW 343 e WH 147 e PBW 621, a estabilidade térmica da membrana foi mais baixa em condições de sementeira normais e tardias no primeiro e segundo anos, respetivamente. O PBW 590 apresentou a maior estabilidade térmica da membrana entre os tolerantes em ambos os anos e condições de sementeira, enquanto que entre os susceptíveis o PBW 343 e o HD 2967 apresentaram a maior estabilidade térmica da membrana no primeiro e segundo anos, respetivamente. Na sementeira tardia, a WH 1100 registou a estabilidade térmica da membrana mais elevada entre as tolerantes ao calor, ao passo que as susceptíveis WH 147 no primeiro ano e PBW 343 no segundo ano registaram a estabilidade térmica da membrana mais elevada. Também se observou que as variedades tolerantes ao calor apresentavam maior termoestabilidade da membrana do que as susceptíveis, embora não fosse significativo. Almeselmani *et al.* 2006 referiram que se regista um aumento do índice de lesão da membrana (MII) em plantações tardias e muito tardias em todos os genótipos/variedades de trigo, em todas as fases de crescimento das plantas, o que pode ser atribuído ao efeito prejudicial da temperatura elevada. No entanto, sob temperaturas crescentes de sementeiras tardias e muito tardias, HD 2815 e HDR 77 (tolerante ao calor) apresentaram menor MII na antese e aos 15 DAA do que os outros genótipos/variedades. Foi referido que a membrana celular estável que permanece funcional durante o stress parece controlar a adaptação a temperaturas elevadas e está relacionada com a tolerância ao calor e à seca (Sullivan *et al.*, 1979; Raison *et al.*, 1980). A rutura da membrana pode alterar o movimento da água, dos iões e dos solutos orgânicos, a fotossíntese e a respiração (Christiansen, 1978).

Horváth *et al.*, (1998) referiram que as alterações induzidas pela temperatura na fluidez da membrana são uma consequência imediata do stress térmico, representando um local potencial de perceção e/ou danos. Neste contexto, sob stress térmico (mais de 35ºC), a fluidez das membranas altera-se, a peroxidação lipídica aumenta e a seletividade das membranas é frequentemente prejudicada (Saadalla *et al.*, 1990; Shanahan *et al.*, 1990; Bukhov *et al.*, 1999). No entanto, durante o crescimento, os genótipos tolerantes a temperaturas elevadas podem promover uma maior saturação de ácidos gordos e aumentar o seu teor de lípidos polares, reforçando a estabilidade das membranas, particularmente nas lamelas dos cloroplastos (Berry e Björkman, 1980). (Dias *et al.,* 2009b) observaram que o stress térmico em espécies de *Triticum* também pode afetar a estabilidade das membranas, aumentando a fuga de electrólitos em resultado de uma perda de seletividade das membranas. Durante o enchimento do grão, este efeito pode também estar associado ao aumento dos níveis de peroxidação lipídica (Jiang e Zhang, 2002; Balota *et al.*, 2004; Dias *et al.*, 2009b).

5.1.10 Fluorescência da clorofila na antese

O resultado da presente investigação mostrou que havia diferenças varietais na fluorescência da clorofila. A WH 1021 apresentou a menor fluorescência da clorofila entre as variedades tolerantes ao calor. Entre as variedades susceptíveis, a PBW 621 e a DBW 17 registaram a menor fluorescência da clorofila. Na sementeira tardia, WH 1021, Raj 3765 e PBW 373 registaram a menor fluorescência da clorofila entre as variedades tolerantes, enquanto que entre as variedades susceptíveis DBW 17 registaram a menor fluorescência. Entre os tolerantes, foi mais elevada para o PBW 590 em ambas as condições de sementeira. Entre os susceptíveis ao calor, HD 2967 e PBW 343 registaram maior fluorescência da clorofila em condições de sementeira normais e tardias. Os resultados também revelaram que a fluorescência da clorofila foi menor para os tolerantes ao calor do que para os susceptíveis, o que significa que a eficiência fotossintética foi maior para os tolerantes ao calor, o que resultou num maior peso e rendimento das sementes.

Schrader *et al.*, 2004 relataram que em muitas espécies de plantas submetidas a stress térmico moderado (35-45°C), a fotossíntese pode tornar-se inibida sem danificar o fotossistema II. No entanto, quando as temperaturas sobem para 45°C (Wardlaw *et al.*, 1989; Çjánek *et al.*, 1998), o dano térmico do complexo fotossintético de evolução do oxigénio (Nash *et al.*, 1985; Enami *et al*, 1994) afectam o transporte de electrões (Bukhov *et al.*, 1990; Mohanty *et al.*, 2002; Kouřil *et al.*, 2004), aumentando a fluorescência da clorofila a (Bukhov *et al.*, 1990; Havaux 1992; Bukhov e Mohanty, 1993) resultando numa menor fotossíntese. Neste contexto, o stress térmico afecta o rendimento da fluorescência mínima (Berry e Björkman, 1980; Smillie e Hetherington, 1983; Laash, 1987; Krause e Weis, 1991), o que implica a eficiência fotoquímica do fotossistema II e as contribuições relativas da extinção não-fotoquímica (Smillie e Hetherington, 1983; Laash, 1987). O quenching não-fotoquímico pode resultar de vários mecanismos associados à dissipação do excesso de energia, essencialmente sob a forma de calor, mas pode também incluir processos de redistribuição da energia de excitação entre os fotossistemas II e I (Schreiber *et al.,* 1986). Assim, uma diminuição do quenching não-fotoquímico indica uma redução do gradiente protónico transtilacóide, resultando numa diminuição da eficiência do fotossistema II ou numa alteração da cadeia de transporte de electrões fotossintéticos. Além disso, o aumento da extinção não fotoquímica indica que o ATP sintetizado nas reacções fotoquímicas não está a ser utilizado no ciclo de Calvin.

5.1.11 Atividade da desidrogenase

Para avaliar a atividade da desidrogenase, utiliza-se geralmente o teste do tetrazólio. Este teste permite avaliar a viabilidade das sementes, mas também pode ser utilizado para detetar diferenças de vigor. O presente estudo mostrou a diferença de atividade da desidrogenase entre variedades de trigo tolerantes e susceptíveis ao calor. Mostrou também que existe uma diferença na atividade enzimática entre as condições de sementeira normal e tardia.

Geralmente, a atividade enzimática diminui com o aumento da temperatura ambiente. Este estudo também mostrou que a atividade da desidrogenase era mais baixa em condições de sementeira tardia do que em condições normais em ambos os anos; no entanto, a diferença foi menor devido à baixa diferença de temperatura entre a temperatura normal e a temperatura de sementeira tardia. A atividade enzimática foi mais elevada para as variedades PBW 373 e WH 1021 entre as tolerantes ao calor e para a variedade HD 2967 entre as variedades susceptíveis. A atividade da desidrogenase foi semelhante à de outras enzimas de crescimento na planta.

5.1.12 Sistema antioxidante

Várias espécies reactivas de oxigénio (ROS), como os radicais superóxido, os radicais hidroxilo e o peróxido de hidrogénio, são produzidas nas células de forma natural, mas a produção excessiva destes compostos pode ser prejudicial (Esfandiari *et al.*, 2007). O stress térmico desencadeia a produção e a acumulação de ROS (Sairam *et al.*, 2000; Mittler, 2002; Almeselmani *et al.*, 2009). Por conseguinte, a sua desintoxicação por sistemas antioxidantes é importante para proteger as plantas contra o stress térmico (Asada, 2006; Suzuki e Mittler, 2006). O sistema de defesa antioxidante nas plantas envolve sistemas antioxidantes enzimáticos e não enzimáticos. O sistema antioxidante enzimático inclui a ascorbato peroxidase, a dehidroascorbato redutase, a glutationa S-transferase, a superóxido dismutase, a catalase, a guaiacol peroxidase e a glutationa redutase (Noctor e Foyer, 1998).

A superóxido dismutase converte o $O_2^{\cdot-}$ em peróxido de hidrogénio, enquanto a catalase e as peroxidases decompõem o peróxido de hidrogénio. A catalase elimina o peróxido de hidrogénio catalisando a sua decomposição em H_2O e O_2. ROS para reacções mediadas pelo peróxido de guaiacol (Goyal e Asthir, 2010). Balla *et al.* (2009) demonstraram que, após exposição ao stress térmico, durante a fase reprodutiva, as actividades dos antioxidantes enzimáticos aumentavam substancialmente nos genótipos de trigo tolerantes ao calor. As actividades da catalase e da superóxido dismutase foram correlacionadas com o stress térmico (34/22∘C) durante a fase reprodutiva (Zhao *et al.,* 2007), bem como com a capacidade de adquirir termotolerância (Almeselmani *et al.,* 2009).

Os danos oxidativos nos componentes celulares são limitados em condições normais de crescimento devido ao processamento eficiente das ERO através de um sistema antioxidante bem coordenado e de reação rápida, constituído por várias enzimas e metabolitos redox. No entanto, sob vários stresses abióticos, a extensão da produção de ROS excede a capacidade de defesa antioxidante da célula, resultando em danos celulares. O presente estudo também revelou que, em condições de sementeira tardia e devido a uma temperatura mais elevada ao longo do desenvolvimento reprodutivo, o conteúdo das três enzimas, ou seja, peroxidase, catalase e superóxido dismutase na semente, era mais elevado em condições de sementeira tardia do que em condições de sementeira normal. Foi relatado que a tolerância ao stress de altas temperaturas em plantas cultivadas está associada a um aumento da atividade das enzimas antioxidantes (Sairam *et al.*, 2000; Rui *et al.*, 1990; Gupta *et al.*, 1993; Badiani *et al.*, 1994; Zhau *et al.*, 1995).

Foi registado um aumento considerável e significativo da atividade da peroxidase no final da sementeira em todas as variedades tolerantes e susceptíveis ao calor; no entanto, variedades como Raj 3765, PBW 373 e WH 1080, entre as tolerantes, e DBW 17 e PBW 343, entre as susceptíveis, apresentaram um maior aumento da atividade da peroxidase do que outras, o que indica que estas variedades têm uma melhor capacidade de eliminação e maior tolerância ao stress térmico do que outras. Os estudos também observaram que o conteúdo da enzima peroxidase era, em geral, mais elevado em todas as variedades tolerantes ao calor do que nas variedades susceptíveis em estudo. Asthir *et al.* (2009) registaram uma maior atividade da peroxidase em variedades tolerantes ao calor, bem como em variedades susceptíveis, em condições de temperatura elevada no trigo; no entanto, as variedades tolerantes ao calor apresentaram uma atividade mais elevada do que as susceptíveis. Larkindale *et al.* (2005) também observaram que os genótipos tolerantes ao calor apresentam um nível e uma atividade mais elevados de enzimas antioxidantes. A importância da atividade da peroxidase na tolerância ao stress térmico também foi referida por outros trabalhadores (Chakraborty e Tongden 2005; Almeselmani *et al.*, 2006).

A atividade da catalase aumentou significativamente em condições de sementeira tardia e as variedades tolerantes Raj 3765 e WH 1100 e entre as susceptíveis PBW 343 e WH 147 apresentaram o maior aumento em todas as fases do DAA. A atividade da catalase está também associada à eliminação de H_2O_2 e um aumento da sua atividade está relacionado com o aumento da tolerância ao stress (Foyer *et al.*, 1997; Upadhyaya *et al.*, 1990; Olmos et al., 1994; Karus *et al.*, 1995).

Foi registada uma atividade significativamente mais elevada da SOD no final da sementeira em todas as variedades tolerantes e susceptíveis ao calor, no entanto, as variedades Raj 3765 e WH 1080 entre as tolerantes, enquanto que entre as susceptíveis DBW 17 e PBW 343 apresentaram um maior aumento da atividade da SOD do que as outras, o que indica que estas variedades têm uma melhor capacidade de eliminação e maior tolerância ao stress térmico do que as outras variedades. Muitos trabalhadores (Upadhyaya *et al.*, 1990; Jagtap e Bhargava, 1995; Davidson *et al.*, 1996) referiram o envolvimento da SOD na tolerância ao stress térmico.

A atividade da desidrogenase foi significativa e negativamente correlacionada com a temperatura máxima, mínima e diferença de temperatura, mas positivamente com as horas de sol e a humidade relativa em ambos os anos de registo de dados. Isto significa que, à medida que a temperatura óptima para a cultura do trigo aumenta, a atividade da desidrogenase pode diminuir. Estes resultados estão em consonância com o facto de a temperatura elevada reduzir geralmente a atividade enzimática.

As enzimas de stress, ou seja, a peroxidase, a catalase e a superóxido dismutase, foram significativa e positivamente correlacionadas com a temperatura máxima, mínima e diferença de temperatura, mas negativamente com as horas de sol e a humidade relativa em ambos os anos. Isto significa que, à medida que a temperatura óptima para a cultura do trigo aumenta, o teor destas enzimas de stress nas sementes pode aumentar. Este resultado está de acordo com as conclusões de vários trabalhadores.

5.2 Efeito do stress térmico no rendimento do grão e nos seus componentes

Em média, a altura da planta (98,77cm), o número de espigas por metro (136), o número de grãos por espiga (média de cinco plantas, 57), o número de grãos (52) por espiga, o rendimento de grãos por planta (2,06

g) e o índice de colheita (43,54) de todas as variedades foram mais elevados na condição de sementeira normal (88,87, 108, 46, 42, 1,59, 42,17 respetivamente) do que na sementeira tardia em 11,14, 25,92, 23,91, 23,81, 29,17, 3,25 por cento. Observou-se que na condição de semeadura normal a temperatura máxima média foi de 31,34°C e na tardia foi de 32,40°C no primeiro ano. No segundo ano, a temperatura máxima média foi de 28,57°C em condições normais e de 30,60°C em condições de sementeira tardia. Tanto a temperatura máxima como a mínima foram mais elevadas em condições de sementeira tardia e o rendimento total e a sua componente também são mais baixos. Este resultado está em consonância com o coeficiente de correlação calculado entre os factores climáticos e o rendimento e as suas componentes. Ferris *et al.*, 1998 relataram que tanto o número como o peso dos grãos são sensíveis a temperaturas elevadas. Temperaturas acima de $20°$ C entre o início da espiga e a antese podem reduzir substancialmente o número de grãos por espiga (Saini e Aspinall, 1982). O número de grãos por espiga diminuiu 4% para cada $1°$ C (de $15\text{-}22°$ C) de aumento na temperatura do dia anterior à antese (Fischer, 1985). Saini e Aspinall, 1982 também observaram que as plantas de trigo expostas a $30°$ C durante 3 dias consecutivos, quando as células-mãe do pólen se estavam a dividir, reduziam substancialmente a formação de grãos e, por conseguinte, a produção de grãos. Também se observou uma redução do pegamento dos grãos quando as plantas foram expostas durante 1 dia a $30°$ C, ou durante 3 dias a temperaturas dia/noite de $30/20°$ C (Saini e Aspinall, 1982). As reduções no rendimento de grãos devido à redução do conjunto de grãos não são compensadas por aumentos no peso dos grãos (Saini e Aspinall, 1982). Islam *et al.* (2013) concluíram que os genótipos foram significativamente influenciados pelas datas de sementeira para grãos/espiga. O stress provocado por temperaturas mais elevadas afecta o rendimento de grãos principalmente através da afetação dos processos de desenvolvimento fenológico. Isto foi relatado em muitas culturas cultivadas, incluindo cereais (por exemplo, arroz, trigo, cevada, sorgo, milho), leguminosas (por exemplo, grão-de-bico, feijão-frade), culturas oleaginosas (mostarda, canola) e assim por diante por muitos trabalhadores (Zhang *et al.*, 2013; Foolad, 2005; Ahamed *et al.*, 2010; Tubiello *et al.*, 2007; Kalra *et al.*, 2008; Hatfield *et al.*, 2011). Wang *et al.* (2012) observaram que o aumento da temperatura média sazonal de 1°C diminuiu o rendimento de grãos de cereais em 4,1 a 10,0 por cento. Islam *et al.* (2013) relataram que os genótipos foram significativamente influenciados pelas datas de sementeira para a altura das plantas. Os genótipos apresentaram uma altura significativamente mais baixa do que todos os controlos em condições de sementeira tardia.

O desempenho do primeiro ano foi melhor do que o do segundo ano. Na média de todas as variedades, a altura da planta, o número de espigas por metro, o número de grãos por espiga (média de cinco plantas), o número de grãos por espiga, o rendimento de grãos por planta e o índice de colheita foram significativamente maiores no primeiro ano do que no segundo ano. Os dados sobre a temperatura mostraram que ela foi maior no primeiro ano em 2,77°C (máxima) e 1,80°C (mínima) do que no segundo ano.

Foram observadas diferenças varietais significativas para o rendimento e caracteres componentes neste estudo. A altura da planta, o número de espigas por metro, o número de grãos por espiga (média de cinco plantas), o número de grãos por espiga, o rendimento de grãos por planta e o índice de colheita por planta foram os mais elevados para as variedades WH 1021, WH 1080, WH 1100, PBW 590, WH 1100 e PBW 590, respetivamente.

Todos os caracteres de rendimento e seus componentes, exceto o índice de colheita, foram significativa e negativamente correlacionados com a temperatura máxima e mínima e positivamente com a diferença de temperatura máxima e mínima, horas de sol e humidade relativa em ambos os anos. O índice de colheita foi significativa e positivamente correlacionado com a temperatura máxima e mínima e negativamente com a diferença de temperatura máxima e mínima, horas de sol e humidade relativa em ambos os anos de registo de dados. Isto significa que, à medida que a temperatura óptima para o cultivo do trigo aumenta, o rendimento e a sua componente podem diminuir.

5.3 Armazenabilidade relativa das variedades de trigo

No presente estudo, foram utilizados dois testes de vigor (teste AA e EC) para avaliar a capacidade de armazenamento relativa após a sementeira em duas datas diferentes de doze variedades susceptíveis e tolerantes ao calor. A germinação foi mais elevada após o envelhecimento acelerado em todos os meses (3, 6, 9 e 12 meses) do período de armazenamento em condições de sementeira normal do que em condições de sementeira tardia. Isto mostra que o armazenamento relativo é melhor para as variedades em condições de sementeira normal do que em condições de sementeira tardia. A data de sementeira normal (25 de novembro[th]) é superior à data de sementeira tardia, ou seja, 25 de dezembro[th] . Mais uma vez, a germinação foi significativamente maior após o envelhecimento acelerado em todos os meses (3, 6, 9 e 12 meses) do período de armazenamento no segundo ano do que no primeiro ano. Isto mostra que o armazenamento relativo foi melhor para as variedades no segundo ano do que no primeiro ano. Dahiya *et al.* (1994) verificaram que a capacidade de armazenamento das sementes, o estabelecimento das plântulas e outros parâmetros de qualidade podiam ser previstos pelo teste de envelhecimento acelerado do grão-de-bico.

A condutividade eléctrica foi mais baixa em todos os meses (3, 6, 9 e 12 meses) do período de armazenamento em condições de sementeira normal do que em condições de sementeira tardia. Isto mostra que o armazenamento relativo foi melhor para as variedades em condições de sementeira normal do que em condições de sementeira tardia. A data de sementeira normal (25 de novembro[th]) é superior à data de sementeira tardia, ou seja, 25 de dezembro[th] . Pallavi *et al.* (2003) observaram que os lixiviados das sementes aumentavam com o aumento do período de armazenamento do girassol. Kumar *et al.* (2010) também relataram a metodologia para avaliar a capacidade de armazenamento relativa com a ajuda de AA e teste de condutividade eléctrica em guar.

Do debate em curso pode concluir-se que:

❖ As variedades tolerantes ao calor foram registadas como mais fortes em todos os parâmetros de vigor, como a germinação padrão, o comprimento das plântulas, o peso seco das plântulas e os índices de vigor. As variedades apresentavam um vigor mais elevado em condições de sementeira normal do que em condições de sementeira tardia. Estas variedades amadurecem mais cedo do que as susceptíveis em ambas as condições de sementeira.

- ❖ A termoestabilidade da membrana foi mais elevada nas variedades tolerantes do que nas susceptíveis, o que significa que as membranas celulares são termicamente mais estáveis no caso das variedades tolerantes ao calor. A fluorescência da clorofila foi menor para as variedades tolerantes ao calor do que para as susceptíveis, o que significa que as variedades tolerantes tinham uma maior eficiência fotossintética, o que leva a um maior peso e rendimento dos grãos.

- ❖ A atividade da desidrogenase foi mais elevada nas variedades tolerantes do que nas susceptíveis. As enzimas antioxidantes como a peroxidase, a catalase e a superóxido dismutase foram registadas como mais elevadas nas variedades tolerantes ao calor e também mais elevadas em condições de sementeira tardia. Isto significa que as variedades tolerantes conseguem escapar mais eficazmente ao stress térmico e que, com o aumento do stress térmico em condições de sementeira tardia, o teor destas enzimas aumenta.

- ❖ Todos os parâmetros de vigor foram significativa e negativamente correlacionados com a temperatura máxima e mínima, mas as enzimas foram significativa mas positivamente correlacionadas. Significa que quando a planta enfrenta o stress térmico em condições de sementeira tardia, o vigor diminui e o teor de enzimas antioxidantes aumenta.

- ❖ O rendimento e a sua componente foram mais elevados nas variedades tolerantes ao calor e em condições normais de sementeira, estando significativa e negativamente correlacionados com a temperatura máxima e mínima.

❖ A capacidade de armazenamento relativa foi mais elevada para as variedades tolerantes ao calor e também em condições de sementeira normal do que em condições de sementeira tardia.

❖ Entre as tolerantes ao calor, as variedades Raj 3765 e WH 1021, enquanto que entre as susceptíveis, as variedades PBW 343 e HD 2967 tiveram um melhor desempenho para a maioria dos parâmetros estudados, tanto no ano como na condição de sementeira.

Capítulo-VI

RESUMO E CONCLUSÃO

A plantação de sementes de alta qualidade (germinação e vigor) é uma componente essencial de todos os sistemas de cultivo no mundo. É necessária uma elevada qualidade das sementes para garantir populações adequadas de plantas, com taxas de sementeira razoáveis, numa série de condições de campo. A qualidade das sementes no momento da plantação representa os efeitos integrados do ambiente e dos genótipos durante a produção de sementes e o ambiente e a gestão a que as sementes foram expostas durante a colheita, o processamento e o armazenamento. Muitas variações na qualidade das sementes têm sido atribuídas a diferenças nas condições ambientais prevalecentes durante o desenvolvimento e a maturação das sementes ainda na planta-mãe (Datta *et al.*, 1972; Peacock e Hawkins 1970). As condições ambientais desfavoráveis (temperatura elevada, diferença entre as temperaturas diurna e nocturna, precipitação, humidade relativa e brilho do sol) durante o desenvolvimento e a maturação das sementes no campo podem reduzir a qualidade das sementes. Isto está a tornar-se um problema sério, particularmente no Norte da Índia (Haryana, Punjab). O vigor das sementes é o parâmetro de qualidade mais importante e depende de múltiplos atributos fisiológicos e bioquímicos. A informação sobre esses parâmetros e também a base para classificar os vários genótipos de trigo como tolerantes e susceptíveis ao calor é muito escassa. Por conseguinte, o presente trabalho de investigação foi realizado em genótipos de trigo tolerantes e susceptíveis ao calor, com os seguintes objectivos

❖ Avaliar genótipos de trigo quanto ao potencial de vigor das sementes e à tolerância ao calor durante a fase de enchimento dos grãos.

❖ Determinar a relação entre os factores climáticos, os parâmetros de vigor das sementes e a componente de rendimento.

❖ Estudar o efeito do stress térmico na capacidade de armazenamento das sementes.

O material incluía seis variedades tolerantes e susceptíveis ao calor, que foram semeadas em duas datas, ou seja, normal (20-25th novembro) e tardia (20-25th dezembro). Cada genótipo/variedade foi acomodado numa parcela de 5mx2m. As observações foram registadas na fase de enchimento do grão (da cabeça à maturidade). Durante o enchimento do grão e a fase de desenvolvimento, as amostras de sementes de cada genótipo foram colhidas com um intervalo de uma semana e as observações foram registadas no laboratório para o peso de 100 sementes, o teor de humidade das sementes, a germinação padrão, os dias até à cabeça, a maturidade fisiológica, a maturidade para colheita, o comprimento das plântulas, o índice de vigor I, o peso seco das plântulas, o índice de vigor II, a termoestabilidade da membrana, a fluorescência da clorofila e as enzimas (desidrogenase, peroxidase, catalase e superóxido dismutase).

Para registar os dados relativos aos caracteres agronómicos, todos os genótipos foram cultivados num sistema de blocos aleatórios (RBD). Cada genótipo/variedade foi colocado numa parcela de 5mx0,7m replicada três vezes. Na maturidade, foram registados a altura da planta, o número de grãos/espigas, o número de espigas/m, o número de grãos/espigas (média de cinco plantas), a produção de grãos/planta e o índice de colheita. Para avaliar a capacidade de armazenamento relativa dos diferentes genótipos/variedades, foram efectuados dois testes, nomeadamente o teste de condutividade eléctrica e o teste de envelhecimento acelerado. Foi claramente demonstrado que houve uma diferença de 1,06ºC entre a temperatura máxima das condições de sementeira normal e tardia no primeiro ano e 2,03ºC no segundo ano. A temperatura mínima também foi elevada para a sementeira tardia em 1,02ºC no primeiro ano e em 1,76ºC no segundo ano.

Existe uma diferença média significativa entre as variedades tolerantes ao calor e as variedades susceptíveis, tanto para a sementeira normal como para a sementeira tardia, e também entre as variedades para ambas as condições de sementeira, com base no ano, em diferentes fases de desenvolvimento da semente, para os caracteres peso de 100 sementes, teor de humidade da semente, germinação da semente, comprimento da plântula, índice de vigor-I, peso seco da plântula, índice de vigor-II, dias para o descabeçamento, maturidade fisiológica e maturidade para a colheita.

As variedades tolerantes ao calor tiveram um melhor desempenho em diferentes fases do desenvolvimento da semente em comparação com as susceptíveis. Estas variedades foram significativamente mais elevadas para o peso das sementes, teor de humidade das sementes, germinação, comprimento das plântulas, índice de vigor I & II, peso seco das plântulas do que as variedades susceptíveis em condições de sementeira normal e tardia em ambos os anos. As variedades tolerantes ao calor registaram valores significativamente mais baixos para os dias até à maturidade, fisiológica e de colheita. Isto significa que as variedades tolerantes ao calor amadurecem mais cedo do que as susceptíveis. As variedades comuns tiveram melhor desempenho para todos os caracteres estudados em sementeira normal do que em sementeira tardia em todas as fases de desenvolvimento da semente. Isto também pode ser um efeito da temperatura elevada durante o desenvolvimento da semente na sementeira tardia. Em geral, as variedades tiveram um desempenho significativamente melhor no segundo ano na maioria dos estágios de desenvolvimento da semente para quase todos os caracteres estudados. Isto pode ser também um efeito da baixa temperatura durante o desenvolvimento da semente no segundo ano.

Existe uma diferença média significativa entre as variedades tolerantes ao calor e as variedades susceptíveis para a sementeira normal e a sementeira tardia para todas as enzimas em estudo. As variedades tolerantes ao calor, tanto de sementeira normal como de sementeira tardia, têm mais atividade de desidrogenase, peroxidase, catalase e superóxido dismutase em todas as fases do que as susceptíveis ao calor. A atividade de todas as enzimas de stress foi mais elevada na sementeira tardia do que na normal, o que coincidiu com a temperatura elevada durante o desenvolvimento das sementes.

O índice de vigor-I, o índice de vigor-II e a atividade da desidrogenase foram significativa e negativamente correlacionados com a temperatura máxima, mínima e diferença de temperatura, mas positivamente com a hora de sol e a humidade relativa em ambos os anos de registo de dados. Isto significa que, à medida que a temperatura óptima para a cultura do trigo aumenta, o vigor e a atividade da desidrogenase das sementes podem diminuir. As enzimas de stress, ou seja, a peroxidase, a catalase e a superóxido dismutase, foram significativa e positivamente correlacionadas com a temperatura máxima, mínima e diferença de temperatura, mas negativamente com a hora de sol e a humidade relativa em ambos os anos de registo de dados. Isto significa que, com o aumento da temperatura óptima para o cultivo do trigo, o teor destas enzimas de stress nas sementes pode aumentar.

No que diz respeito aos estudos sobre a interação entre o ano, a data de sementeira e os genótipos no rendimento e nas caraterísticas agronómicas do trigo, verificou-se que os genótipos, a data de sementeira e o ano (época) diferem significativamente em todos os caracteres, exceto no número de espigas por metro. O número de grãos por espiga (média de cinco plantas), o número de grãos por espiga e o rendimento de grãos por planta foram mais elevados na sementeira normal do que na tardia, em ambos os anos. As variedades tiveram melhor desempenho no segundo ano do que no primeiro ano. Entre as tolerantes ao calor, WH 1080 (número de espigas por metro), WH 1100 (número de grãos por espiga - média de cinco plantas) e WH 1100 (rendimento de grãos por planta), enquanto que entre as susceptíveis WH 147 (número de espigas por metro), PBW 621 (número de grãos por espiga - média de cinco plantas) e HD 2967 (rendimento de grãos por planta) tiveram melhor desempenho.

Todos os caracteres de rendimento e seus componentes, exceto o índice de colheita, foram significativa e negativamente correlacionados com a temperatura máxima, mínima e positivamente com a diferença de temperatura máxima e mínima, horas de sol e humidade relativa em ambos os anos. O índice de colheita foi significativa e positivamente correlacionado com a temperatura máxima, mínima e negativamente com a diferença de temperatura máxima e mínima, horas de sol e humidade relativa em ambos os anos de registo de dados. Isto significa que, à medida que a temperatura óptima para o cultivo do trigo aumenta, o rendimento e os seus caracteres componentes da semente podem diminuir.

Existe uma diferença média significativa entre o ano, a data de sementeira e os genótipos no envelhecimento acelerado e na condutividade eléctrica. Os genótipos diferem significativamente quanto à sua capacidade de armazenamento. As datas de sementeira têm um impacto significativo na capacidade de armazenamento dos diferentes genótipos. Com base em ambos os testes, pode inferir-se que houve uma melhor capacidade de armazenamento relativo da variedade para as sementeiras normais do que para as tardias, ao longo dos anos, em todas as fases de armazenamento. As variedades tolerantes ao calor têm maior capacidade de armazenamento do que as susceptíveis.

Entre as tolerantes ao calor, as variedades Raj 3765 e WH 1021, enquanto que entre as susceptíveis, as variedades PBW 343 e HD 2967 tiveram um melhor desempenho para a maioria dos parâmetros estudados, tanto no ano como na condição de sementeira.

Os índices de vigor, a desidrogenase, a peroxidase, a catalase ou a superóxido dismutase podem ser utilizados como um indicador fiável no programa de desenvolvimento de variedades tolerantes ao calor, para além do rendimento.

Abdul-Baki, A. A. e Anderson, J. D. 1973. Determinação do vigor em sementes de soja por critérios multiplicativos. *Crop Sci.* **13**: 630-633.

Abdul-Razack M. e Tarpley L. 2009. Impacto da temperatura nocturna elevada na respiração, estabilidade das membranas, capacidade antioxidante e rendimento das plantas de arroz. *Crop Sci* **49**: 313-322

Aebi, H. 1983. Catalase in vitro. *Métodos em Enzimologia.* **105**: 121-126.

Ahamed, K. U., Nahar, K., Fujita, M. e Hasanuzzaman, M. 2010. Variação no crescimento das plantas, dinâmica dos perfilhos e componentes de rendimento do trigo (*Triticum aestivum* L.) devido ao stress de alta temperatura. *Adv. Agric. Bot.* **2**: 213-224.

Ahuja, I., de Vos, R. C. H., Bones, A. M. e Hall, R. D. 2010. As respostas moleculares das plantas ao stress enfrentam as alterações climáticas. *Trends Plant Sci.* **15**: 664-674.

Alexander, L. V., Zhang, X., Peterson, T. C., Caesar, J., Gleason, B., Tank, A., Haylock, M., Collins, D., Trewin, B., Rahimzadeh, F., Tagipour, A., Kumar, K. R., Revadekar, J., Griffiths, G., Vincent, L., Stephenson, D. B., Burn, J., Aguilar, E., Brunet, M., Taylor, M., New, M., Zhai, P., Rusticucci, M. e Vazquez-Aguirre, J. L. 2006. Global observed changes in daily climate extremes of temperature and precipitation. *J.Geophys. Res. Atmos.* **111**: 1-22.

Almeselmani, M., Deshmukh, P. S. e Sairam, R. K. 2009. High temperature stress tolerance in wheat genotypes: Papel das enzimas de defesa antioxidante. *Ata Agron. Hungar.* **57**: 1-14.

Almeselmani, Moaed, Deshmukh, P. S., Sairam, R. K., Kushwaha, S. R. e Singh, T. P. 2006. Protective role of antioxidant enzymes under high temperature stress (Papel protetor das enzimas antioxidantes sob stress de alta temperatura). *Ciência das Plantas* **171**: 382-388.

Anjum, F., Wahid, A., Javed, F. e Arshad, M. 2008. Influência da tioureia aplicada foliarmente nas trocas gasosas da folha bandeira e nos parâmetros de rendimento de cultivares de trigo panificável (*Triticum aestivum*) sob stress de salinidade e calor. *Int. J. Agri. Biol.* **10**: 619-626.

Anónimo, 2013. Departamento de Agricultura e Cooperação, Governo da Índia.

Asada, K. 2006. Produção e eliminação de espécies reactivas de oxigénio nos cloroplastos e suas funções. *Plant Physiol.* **141**: 391-396.

Asseng, S., Foster, I. e Turner, N. C. 2011. The impact of temperature variability on wheat yields (O impacto da variabilidade da temperatura no rendimento do trigo). *Global Change Biol.* **17**: 997-1012.

Associação dos Analistas Oficiais de Sementes, 1983. Manual de testes de vigor de sementes. *Assoc. Seed Analt. Publ. AOSA Handbook* 32.

Badiani, M., Schenone, G., Paolacci, A. R. e Fumagalli, I. 1994. Flutuações diárias de antioxidantes em folhas de feijão (*Phaseolus vulgaris* L.). A influência dos factores climáticos, *Agrochimica* **38**: 25-36.

Basra, S. M. A., Ahmad, N., Khan, M. M., Iqbal, N. e Cheema, M. A. 2003. Assessment of cotton seed deterioration during accelerated ageing (Avaliação da deterioração das sementes de algodão durante o envelhecimento acelerado). *Seed Sci. & Technol.* **31**: 531-540.

Basu, S., Sharma, S. P. e Dadlani, M. 2004. Storability studies on maize (*Zea mays* L.) parental line seeds under natural and accelerated ageing conditions. *Seed Sci. & Technol.* **32**: 239-245.

Bavita, A., Shashi, B. e Navtej, S. B. 2012. O óxido nítrico alivia os danos oxidativos induzidos pelo stress de alta temperatura no trigo. *Indian J. Exp. Biol.* **50**: 372-378.

Bennett, D., Izanloo, A., Reynolds, M., Kuchel, H., Langridge, P. e Schnurbusch, T. 2012. Dissecação genética do rendimento de grãos e da qualidade física dos grãos em trigo-pão (*Triticum aestivum* L.) em ambientes com limitação de água. *Genética Teórica e Aplicada.* **125**: 255-271.

Brigg, K. G. e Aytenfisu, A. 1979. *Can. J. Plant Sci.* **59**: 1129-1146.

Calderini, D. F., Abedelo, L. G., Savin, R. e Slafer, G. A. 1999. Peso final do grão de trigo afetado por curtos períodos de altas temperaturas durante a pré e pós-antese em condições de campo. *Aust. J. Plant Physiol.* **26**: 452-458.

Calderini, D. F., Reynolds, M. P. e Slafer, G. A. 2006. Source-sink effects on grain weight of bread wheat, durum wheat and triticale at different locations. *Aust. J. Agric. Res.* **57**: 227-233.

Camejo, D., Jiménez, A., Alarcón, J. J., Torres, W., Gómez, J. M. e Sevilla, F. 2006. Alterações nos parâmetros fotossintéticos e actividades antioxidantes após tratamento de choque térmico em plantas de tomate. *Func. Plant Biol.* **33**: 77-187.

Castro, M., Peterson C. J., Rizza, M. D., Dellavalle, P. D., V'azquez, D., Ib'a~nez, V. e Ross, A. 2007. Influência do stress térmico nas caraterísticas do grão de trigo e na distribuição do peso molecular das proteínas. In: *Produção de Trigo em Ambiente Estressado.* pp. 365-371. Buck, H. T., Nisi, J. E., e Salom'on, N. Eds.,Springer.

Chinnusamy, V., Zhu, J., Zhou, T. e Zhu, J. K. 2007. Pequenos RNAs: Big Role in Abiotic Stress Tolerance of Plants (Grande papel na tolerância das plantas ao stress abiótico). Em *Advances in Molecular Breeding towards Drought and Salt Tolerant Crops*; Jenks, M. A., Hasegawa, P. M., Jain, S. M., Eds.; Springer: Dordrecht, Países Baixos, 223-260.

Cicchino, M., Edreira, J. I. R., Uribelarrea, M. e Otegui, M. E. 2010. Estresse térmico em milho cultivado em campo: resposta de determinantes fisiológicos do rendimento de grãos. *Crop Sci.* **50**: 1438-1448.

Dahiya, O. S., Tomer, R. P. S. e Kumar, A. 1994. Teste AA - Uma previsão da capacidade de armazenamento e do estabelecimento de plântulas em grão-de-bico. *Seed Sci. News,* pp. 11.

Davidson, J. E., Whyte, B., Bissinger, P. H. e Schiestl, R. H. 1996. O stress oxidativo está envolvido na morte celular induzida pelo calor em *Saccharomyces cerevisiae*, Proc. Natl. Acad. Sci. U.S.A. **93**: 5116-5121.

Delouche, J. C. e Baskin, C. C. 1973. Técnicas de envelhecimento acelerado para prever a capacidade de armazenamento relativa de lotes de sementes. *Seed Sci. & Technol.* **15**: 427-452.

Dias, A. S. e Lidon, F. C. 2009. Avaliação da taxa e duração do enchimento de grãos em trigo pão e trigo duro, sob stress térmico após a antese. *J. Agron. Crop Sci.* **195**: 137-147.

Djanaguiraman, M., Prasad, P. V. V. e Seppanen, M. 2010. O selénio protege as folhas de sorgo dos danos oxidativos sob stress de alta temperatura, melhorando o sistema de defesa antioxidante. *Plant Physiol. Biochem.* **48**: 999-1007.

Easterling, D. R., Horton, B., Jones, P. D., Peterson, T. C., Karl, T. R., Parker, D. E., Salinger, M. J., Razuvaye, N., Plummer, N., Jamason, P. e Folland, C. K. 1997. Tendência das temperaturas máximas e mínimas no globo. *Science* **277**: 364-367.

Edreira, J. I. R. e Otegui, M. E. 2012. Stress térmico em híbridos de milho de clima temperado e tropical: Diferenças no crescimento da cultura, partição de biomassa e uso de reservas. *Field Crops Res.,* **130**: 87-98.

Egli, D. B., Tekrony, D. M., Heitholt, J. J. e Rupe, J. 2005. Temperatura do ar durante o enchimento de sementes e germinação e vigor de sementes de soja. *Crop Sci.* **45**: 1329-1335.

Essemine, J., Ammar, S. e Bouzid, S. 2010. Impacto do stress térmico na germinação e no crescimento das plantas superiores: Repercussões fisiológicas, bioquímicas e moleculares e mecanismos de defesa. *J. Biol. Sci.* **10**: 565-572.

Ferris, R., Ellis, R. H., Wheeler, T. R. e Hadley, P. 1998. Effect of high temperature stress at anthesis on grain yield and biomass of field-grown crops of wheat. *Ann. Bot.* **82**: 631-639.

Fischer, R. A. 1980. Influence of water stress on crop yield in semiarid regions In: *Adaptação de Plantas ao Stress Hídrico e de Alta Temperatura.* pp. 323-339. Turner, N. C. e Kramer, P. J., Eds., Wiley, Nova Iorque.

Fischer, R. A. 1985. Número de grãos em culturas de trigo e a influência da radiação solar e da temperatura. *J. Agric. Sci.* **105**: 447-461.

Foolad, M. R. 2005. Reprodução para tolerância ao stress abiótico no tomate. Em *Abiotic Stresses: Plant Resistance through Breeding and Molecular Approaches*; Ashraf, M., Harris, P.J.C., Eds.; The Haworth Press Inc.: New York, NY, USA pp 613-684.

Foyer, C. H., Lopez-Delgado, H., Dat, J. F. e Scott, I. M. 1997. Hydrogen peroxide and glutathione-associated mechanisms of acclamatory stress tolerance and signaling, *Physiol. Plant.* **100**: 241-254.

Fussel, L. K. e Pearson, C. J. 1980. Effects of grain development and thermal history on grain maturation and seed vigor of *Pennesetum americanum. J. Exp. Bot.* **121**: 635-643.

Gaffen, D. J. e Ross, R. J. 1998. Aumento do stress térmico no verão nos EUA. *Nature* **396**: 529-530.

Giannopolitis, C. N. e Ries, S. K. 1977. Superóxido dismutase. I. Ocorrência em plantas superiores. *Plant Physiol.* **59**: 309-314.

Gibson, L. R. e Paulsen, G. M. 1999. Componentes do rendimento do trigo cultivado sob stress de alta temperatura durante o crescimento reprodutivo. *Crop Sci.* **39**: 1841-1846.

Grass, L. e Burris J. S. 1995a. Effect of heat stress during seed development and maturation on wheat seed quality. I. Germinação das sementes e vigor das plântulas. *Can. J. Plant Sci.* **75**: 821-829.

Gupta, A. S., Webb, R. P., Holaday, A. S. e Allen, R. D. 1993. A sobre-expressão da superóxido dismutase protege as plantas do stress oxidativo. Induction of ascorbate peroxidase in superoxide dismutase over expression plants, *Plant Physiol.* **103**: 1067-1073.

Gupta, O. P., Pandey, G. C., Gupta, R. K., Sharma, Indu. e Tiwari, Ratan. 2013. Comportamento comparativo de genótipos de trigo hexaplóide terminal tolerante ao calor (WH 730) e intolerante (Raj 4014) na germinação e crescimento na fase inicial sob diferentes regimes de temperatura. *African J. of Microbiol Res.* 7(30): 3953-3960.

Gurpreet kaur. 2000. Mecanismos fisiológicos e bioquímicos da resposta do trigo (*Triticum aestivum* L.) ao stress térmico na germinação e desenvolvimento dos grãos. Tese de doutoramento.

Halford, N. G. 2009. Novos conhecimentos sobre os efeitos do stress térmico nas culturas. *J. Exper. Bot.* **60**: 4215-4216.

Hall, A. E. 2001. Crop Responses to Environment (Respostas das culturas ao ambiente). CRC Press LLC, Boca Raton, Florida.

Halliwell, B. Oxidative stress and neurodegeneration: where are we now? *J. Neurochem.* **97**: 1634-1658.

Hampton, J. G. e Tekrony, D. M. 1995. Handbook of vigour test methods (3rd Ed.) International Seed Testing Association, Zurique. pp. 117.

Hasan, Md. Abu, Ahmed, Jalal Uddin, Hossain, Tofazzal, Mian, Md. Abdul Khaleque e Haque, Md. Moynul. 2013. Avaliação da qualidade fisiológica da semente de trigo como influenciada pela alta temperatura de crescimento da planta-mãe *J. Crop Sci. Biotech.* 2013 **16** (1): 69-74.

Hasanuzzaman, M., Hossain, M. A., da Silva, J. A. T. e Fujita, M. 2012. Respostas das plantas e tolerância ao estresse oxidativo abiótico: As Defesas Antioxidantes são um Fator Chave. Em *Crop Stress and Its Management: Perspectives and Strategies*; Bandi, V., Shanker, A.K., Shanker, C., Mandapaka, M., Eds.; Springer: Berlim, Alemanha pp 261-316.

Hasanuzzaman, M., Nahar, K. e Fujita, M. 2013. Temperaturas extremas, estresse oxidativo e defesa antioxidante em plantas. Em *Abiotic Stress-Plant Responses and Applications in Agriculture*; Vahdati, K., Leslie, C., Eds.; InTech: Rijeka, Croácia. pp 169-205.

Hatfield, J. L., Boote, K. J., Kimball, B. A., Ziska, L. H., Izaurralde, R. C., Ort, D., Thomson, A. e Wolfe, D. 2011. Climate impacts on agriculture: Implications for crop production. *Agron. J.* **103**: 351-370.

Hay, R. K. M. e Porter, J. R. 2006. *The Physiology of Crop Yield*; Blackwell Publishing Ltd: Oxford, Reino Unido.

Hennessy, K., Fawcett, R., Kirono, D., Mpelasoka, F., Jones, D., Bathols, J., Whetton, P., Stafford Smith, M., Howden, M., Mitchell, C. e Plummer, N. 2008. An assessment of the impact of climate change on the nature and frequency of exceptional climatic events (Avaliação do impacto das alterações climáticas na natureza e frequência de fenómenos climáticos excepcionais). CSIRO e Bureau of Meteorology, http://www.daff.gov.au/ data/assets/pdf file/0007/721285/csirobom-report-future-droughts.pdf.

Högy, P., Poll, C., Marhan, S., Kandeler, E. e Fangmeier, A. 2013. Impactos do aumento da temperatura e da alteração do padrão de precipitação no rendimento das culturas e na qualidade do rendimento da cevada. *Food Chem.***136**: 1470-1477.

Hurkman, W. J., Vensel, W. H., Tanaka, C. K., Whitehand, L. e Altenbach, S. B. 2009. Effect of high temperature on albumin and globulin accumulation in the endosperm proteome of the developing wheat grain. *J. Cereal Sci.* **49**: 12-23.

Painel Intergovernamental sobre as Alterações Climáticas (IPCC). 2007. *Quarto relatório de avaliação do Painel Intergovernamental sobre as Alterações Climáticas: Alterações climáticas 2007. Relatório de síntese.* Organização Meteorológica Mundial, Genebra, Suíça.

Painel Intergovernamental sobre as Alterações Climáticas (IPCC). Alterações climáticas 2007. The physical science basis. In *Contribution of Working Group I to the Fourth Assessment Report of the Intergovernmental Panel on Climate Change*; Cambridge University Press: Cambridge, Reino Unido, 2007.

Islam, Rabiul, Anwar, M. B., Hakim, M. A. Khan, M. M. e Sayed, M. A. 2013. Triagem de genótipos de trigo tolerantes ao calor em Bangladesh. *J. de Produtos Naturais* **6**: 132-140.

ISTA, 1999. Regras internacionais para o ensaio de sementes. *Seed Sci. & Technol.* **23** (Suppl.) 1-334.

Jagtap, V. e Bhargava, S. 1995. Variation in the antioxidant metabolism of drought tolerant and drought susceptible varieties of *Sorghum bicolor* (L.) Moench exposed to high light, less water and high temperature stress. *J. Plant Physiol.* **145**: 195-197.

Janska, A., Marsik, P., Zelenkova, S. e Ovesna, J. 2010. Stress e aclimatação ao frio: O que é importante para o ajuste metabólico? *Plant Biol.***12**: 395-405.

Johkan, M., Oda, M., Maruo, T. e Shinohara, Y. 2011. Produção agrícola e aquecimento global. In *Global Warming Impacts-Case Studies on the Economy, Human Health, and on Urban and NaturalEnvironments*; Casalegno, S., Ed.; InTech: Rijeka, Croácia139-152.

Kalra, N., Chakraborty, D., Sharma, A., Rai, H. K., Jolly, M., Chander, S., Kumar, P. R., Bhadraray, S., Barman, D. e Mittal, R. B. 2008. Effect of increasing temperature on yield of some winter crops in northwest India (Efeito do aumento da temperatura no rendimento de algumas culturas de inverno no noroeste da Índia). *Curr. Sci.* **94**: 82-88.

Karuppanapandian, T., Wang, H. W., Prabakaran, N., Jeyalakshmi, K., Kwon, M., Manoharan, K. e Kim, W. 2011. Senescência foliar induzida pelo ácido 2,4-diclorofenoxiacético no feijão mungo (*Vigna radiata* L. Wilczek) e inibição da senescência por co-tratamento com nanopartículas de prata. *Plant Physiol. Biochem.* **49**: 168-177.

Karus, T. E., McKerise, B. D. e Fletcher, R. A. 1995. A tolerância das folhas de trigo ao paraquat induzida pelo paclobutrazol pode envolver um aumento da atividade das enzimas antioxidantes. *J. Plant Physiol.* **145**: 570-576.

Kase, M. e Catsky, J. 1984. Componentes de manutenção e crescimento da taxa de respiração no escuro em folhas de plantas C3 e C4 afectadas pela temperatura da folha. *Biol. Plant.* **26**: 461-470.

Keigley, P. J. e Mullen, R. E. 1986. Mudanças na qualidade da soja devido à alta temperatura durante o enchimento e a maturação das sementes. *Crop Sci.* **26**: 1212-1216.

Kittock, D. L. e Law, A. G. 1968. Relação do vigor das plântulas com a respiração e a redução do cloreto de tetazólio pelas sementes de trigo em germinação. *Agron. J.* **1**: 417-425.

Komba, C. O., Brunton, B. J. e Hampton, J. G. 2006. Teste de envelhecimento acelerado do vigor de sementes de couve (*Brassica oleracea* L. var acephala DG). *Seed Sci. & Technol.* **34**: 205-208.

Kuchel, H., Williams, K., Langridge, P., Eagles, H. A. e Jefferies, S. P. 2007.Genetic dissection of grain yield in bread wheat. II. Interação QTL-ambiente. *Theor. and Appl. Genet.* **115**: 1015-1027.

Kumar, Arun. e Kharb, R. P. S., Mishra. P. K., Dahake, A. B. e Kumari, M. 2014 . Efeito dos tratamentos de priming na produção de sementes e na capacidade de armazenamento relativa em Guar (*Cyamopsis tetragonoloba* L). *Annals of Biol.* **30** (4): 669-673,

Kumar, S., Kaur, R., Kaur, N., Bhandhari, K., Kaushal, N., Gupta, K., Bains, T. S. e Nayyar, H. 2011. A inibição do crescimento e da clorose induzida pelo stress térmico no feijão-mungo (*Phaseolus aureus* Roxb.) é parcialmente atenuada pela aplicação de ácido ascórbico e está relacionada com a redução do stress oxidativo. *Ata Physiol. Plant.* **33**: 2091-2101.

Kutcher, H. R., Warland, J. S. e Brandt, S. A. 2010.Efeitos da temperatura e da precipitação nos rendimentos da canola em Saskatchewan. *Can. Agric. Forest Meteorol.* **150**: 161-165.

Lobell, D. B. e Asner, G. P. 2003. Climate and management contributions to recent trends in U.S. agricultural yields. *Science*, **299**, doi:10.1126/science.1078475.

Lobell, D. B. e Field, C. B. 2007. Global scale climate-Crop yield relationships and the impacts of recent warming. *Environ. Res. Lett.*, **2**, doi:10.1088/1748-9326/2/1/014002.

Lobell, D. B., Ortiz-Monasterio, I. J., Asner, G. P., Matson, P. A., Naylor, R. L. e Falcon, W. P. 2005. Análise do rendimento do trigo e das tendências climáticas no México. *Field Crops Res.* **94**: 250-256.

Lobell, D. B., Schlenker, W. e Costa-Roberts, J. 2011. Tendências climáticas e produção agrícola global desde 1980. *Science.* **333**: 616-620.

Lobell, D. B., Sibley, A. e Ortiz-Monasterio, J. I. 2012. Efeitos do calor extremo na senescência do trigo na Índia. *Nature Climate Change* **2**: 186-189.

Mac~as, B., Gomes, C. e Dias, A. S. 1999. Efeito das temperaturas elevadas durante o enchimento do gr~ao em trigo mole e rijo no Sul de Portugal. *Melhoramento* **36**: 27-45.

Mac~as, B., Gomes, M. C., Dias, A. S. e Coutinho, J. 2000. A tolerância 1015 do trigo duro a temperaturas elevadas durante o enchimento do grão. In: *Melhoramento do Trigo Duro na Região Mediterrânica: Novos Desafios.* pp. 257-261. Royo, C., Nachit, M. M., Di Fonzo, N., e Araus, J. L., Eds., CIHEAM, Saragoça, Espanha.

Maheswari, M., Yadav, S. K., Shanker, A. K., Kumar, M. A. e Venkateswarlu, B. 2012. Visão geral dos stresses das plantas: Mechanisms, adaptations and research pursuit. Em *Crop Stress and Its Management: Perspectives and Strategies*; Venkateswarlu, B., Shanker, A. K., Shanker, C., Maheswari, M., (Eds.); Springer: Dordrecht, Países Baixos. pp 1-18.

Martineau, J. R., Specht, J. E., William, J. H. e Sullivan, C. Y. 1979. Temperature tolerance in soybean I. Evaluation of a techninue for assessing cellular membrane Thermostability. *Crop. Sci.* **19**: 75-78.

Mathews, S. e Bradnock, W. T. 1968. Relação entre a exsudação de sementes e a emergência no campo em ervilhas e feijões franceses. *Hort. Res.* **8**: 89-93.

McClung, C. R. e Davis, S. J. 2010. Termómetros ambientais nas plantas: Dos resultados fisiológicos aos mecanismos de deteção térmica. *Curr. Biol.* **20**: 1086-1092.

McDonald, G. K., Sutton, B. G. e Ellsion, F. W. 1983. O efeito da época de sementeira no rendimento do grão de trigo irrigado em Namoi Valley, New South Wales. *Aust. J. Agric. Res.* **34**: 224-229.

McMaster, G. S. 1997. Fenologia, desenvolvimento e crescimento do ápice do rebento do trigo (*Triticum aestivum* L.): uma revisão. *Adv. Agron.* **59**: 63-118.

Miller, G., Schlauch, K., Tam, R., Cortes, D., Torres, M. A., Shulaev, V., Dangl, J. L. e Mittler, R. 2009. A planta NADPH oxidase RbohD medeia a sinalização rápida e sistémica em resposta a diversos estímulos. *Sci. Signal.* **2**: ra45.

Mitra, R. e Bhatia, C. R. 2008. Custo bioenergético da tolerância ao calor na cultura do trigo. *Curr. Sci.* **94**: 1049-1053.

Mittler, R. e Blumwald, E. 2010. Engenharia genética para a agricultura moderna: Challenges and perspectives. *Ann. Rev. Plant Biol.* **61**: 443-462.

Modhej, A. 2008. Efeitos do stress térmico terminal na limitação da fonte e no rendimento de grãos de cultivares de trigo panificável em Khouzestan. *Iranian J. Crop Sci.* **39**(1): 89-97.

Mohammadi, M. 2012. Efeitos do peso do grão e da limitação da fonte no rendimento do grão de trigo sob stress térmico. *Afric. J. Biotech.* **11**(12): 2931-2937.

Mohammed, A. R. e Tarpley, L. 2010. Efeitos da temperatura nocturna elevada e da posição das espiguetas nos parâmetros relacionados com o rendimento das plantas de arroz (*Oryza sativa* L.). *Eur. J. Agron.* **33**: 117-123.

Moller, I. M., Jensen, P. E. e Hansson, A. 2007. Modificações oxidativas de componentes celulares em plantas. *Ann. Rev. Plant Biol.* **58**: 459-481.

Moss, G. I. e Mullett, J. H. 1982. Libertação de potássio e vigor das sementes de feijão (*Phaseolus vulgaris* L.) em germinação, influenciados pela temperatura durante as gerações anteriores. *J. Exp. Bot.* **33**: 1147-1160.

Mullarkey, M. e Jones, P. 2000. Isolamento e análise de mutantes termotolerantes do trigo. *J. Exp. Bot.* **51**: 139-146.

Olmos, E., Harnandez, J. A., Sevilla, F. e Hellin, E. 1994. Indução de várias enzimas antioxidantes na seleção de uma linha celular tolerante ao sal de *Pisum sativum*. *J. Plant Physiol.* **144**: 594-598.

Pagamas, P. e Nawata, E. 2008. Fases sensíveis do desenvolvimento de frutos e sementes de pimenta malagueta (*Capsicum annuum* L. var. Shishito) expostas a stress de alta temperatura. *Sci. Hort.* **117**: 21-25.

Pallavi, M., Sudheer, S. K., Dangi, K. S. e Reddy, A. V. 2003. Effect of seed ageing on physiological, biochemical and yield attributes in sunflower (*Helianthus Annus* L.) cv. Morden. *Seed Res.* **31**(2): 161-168.

Panse, V. G. e Sukhatme, P. V. 1967. Statistical methods for agricultural workers, ICAR, New Delhi, 381.

Peet, M. M. e Willits, D. H. 1998. O efeito da temperatura nocturna na produção de tomate em estufa num clima quente. *Agric. Forest Meteorol.* **92**: 191-202.

Pittock, B. 2003. *Climate Change: An Australian Guide to the Science and Potential of Impacts.* Department for the Environment and Heritage, Australian Greenhouse Office, Canberra, ACT.*b*http://www.greenhouse.gov.au/science/guide/index.html.

Porter, J. R. e Gawith, M. 1999. As temperaturas e o crescimento e desenvolvimento do trigo: uma revisão. *Eur. J. Agron.* **10**: 23-36.

Prasad, P. V. V., Pisipati, S. R., Ristic, Z., Bukovnik, U. e Fritz, A. K. 2008a. Impact of night time temperature on physiology and growth of spring wheat (Impacto da temperatura nocturna na fisiologia e crescimento do trigo de primavera). *Crop Sci.* **48**: 2372-2380.

Presley, J. T. 1958. Relação entre a permeabilidade da protoplanta e a viabilidade das sementes de algodão e a predisposição para doenças nas plântulas. *Pl. Sis. Reptr.* **42**: 852.

Radmehr, M., Aeyneh, A. L. G. e Naderi. A. 2004. A study on source-sink relationship of wheat genotypes under favourable and terminal heat stress conditions in Khuzestan. *Iranian J. Agric. Sci.* **6**(2): 101-113.

Radmehr, M., Ayeneh, G. A. L. e Mamaghani, R. 2005. Respostas de genótipos de trigo-pão de maturidade tardia, média e precoce a diferentes datas de sementeira. 1. Efeito das datas de sementeira no rendimento fenológico, morfológico e de grãos de quatro genótipos de trigo panificável. *Seed and Plant* **21**(2): 175-189.

Raison, J. K., Berry, J. A., Armond, R. A. e Pike, C. S. 1980. Membrane properties in relation to the adaptation of plants to temperature stress, em: Turner, N. C. e Kramer, P. J. (Eds.), Adaptation of Plants to Water and High Temperature Stress, John Wiley and Sons, New York. pp. 261-273.

Rane, J., Pannu, R. K., Sohu, V. S., Saini, R. S., Mishra, B., Shoran, J., Crossa, J., Vargas, M. e Joshi, K. 2007. Performance of yield and stability of advanced wheat cultivar under heat stress environments of the indo- gangetic plains. *Crop Sci.* **47**: 1561-1572.

Rawson, H. M. e Bagga, A. K. 1979. Influência da temperatura entre a iniciação floral e a emergência da folha bandeira no número de grãos em trigo. *Aust. J. Plant Physiol.* **6**: 391-400.

Reynolds, M. P., Balota, M., Delgado, M. I. B., Amani, J. e Fischer. R. A. 1994. Caraterísticas fisiológicas e morfológicas associadas à produtividade do trigo de primavera em condições de calor e irrigação. *Aust. J. Plant Physiol.* **21**: 717-730.

Reynolds, M. P., Pierre, C. S., Saad, A. S. I., Vargas, M. e Condon, A. G. 2007. Avaliação dos ganhos genéticos potenciais no trigo associados à expressão de caraterísticas adaptadas ao stress em recursos genéticos de elite sob stress por seca e calor. *Crop Sci.* **47**: 172-189.

Rodríguez, M., Canales, E. e Borrás-Hidalgo, O. 2005. Aspectos moleculares do stress abiótico nas plantas. *Biotechnol. Appl.* **22**: 1-10.

Ruelland, E. e Zachowski, A. 2010. Como é que as plantas sentem a temperatura. *Environ. Exp. Bot.* **69**: 225-232.

Rui, R. L., Nie, Y. Q. e Tong, H. Y. 1990. A atividade da SOD como parâmetro de seleção de recursos de germoplasma tolerantes ao stress na batata-doce (*Ipomoea batatas* L.), Jiangsu, *J. Agric. Sci.* **6**: 52-56.

Saini, H. S. e Aspinall, D. 1982. Esporogénese anormal em trigo (*Triticum aestivum* L.) induzida por curtos períodos de temperatura elevada. *Ann. Bot.* **49**: 835-846.

Sairam, R. K., Srivastava, G. C. e Saxena, D. C. 2000. Aumento da atividade antioxidante sob temperatura elevada: um mecanismo de tolerância ao stress térmico em genótipos de trigo. *Biol. Plant.* **43**: 245-251.

Saitoh, H. 2008. *Ecological and Physiology of Vegetable*; Nousangyoson Bunka Kyoukai: Tóquio, Japão.

Sato, S., Kamiyama, M., Iwata, T., Makita, N., Furukawa, H. e Ikeda, H. 2006. O aumento moderado da temperatura média diária afecta negativamente a frutificação de *Lycopersicon esculentum* através da perturbação de processos fisiológicos específicos no desenvolvimento reprodutivo masculino. *Ann. Bot.* **97**: 731-738.

Savicka, M. e Škute, N. 2010. Efeitos da alta temperatura no conteúdo de malondialdeído, produção de superóxido e mudanças de crescimento em mudas de trigo (*Triticum aestivum* L.). *Ekologija.* **56**: 26-33.

Sechnyak, L. K., Kindruk, N. A. e Slyusarenko, O. K. 1985. New experimental approach to problem of seed ecology. In Bulletin Problems of Crop Breeding and Genetics. Sofia. pp 254-269.

Semenov, M. A. 2009. Impactos das alterações climáticas no trigo em Inglaterra e no País de Gales. *J. R. Soc. Interface.* **6**: 343-350.

Shannon, L., Kay, E. e Lew, J. 1966. Isozimas de peroxidase de raízes de rábano. I. Isolamento e propriedades físicas. *J. Biol. Chem.* **241**(9): 2166-2172.

Shinozaki, K. e Yamaguchi-Shinozaki, K. 2007. Redes de genes envolvidas na resposta e tolerância ao stress da seca. *J. Exp. Bot.* **58**: 221-227.

Shpiler, L. e Blum, A. 1986. Reação diferencial de cultivares de trigo a ambientes quentes. *Euphytica* **35**: 483-492.

Siddique, A. M. D. e Goodwin, P. B. 1980. Seed vigor in bean as influenced by temperature and water regime during development and maturation. *J. Exp. Bot.* **120**: 313-323.

Silva, J. B., Vieira, R. D. e Panobianco, M. 2006. Envelhecimento acelerado e deterioração controlada em sementes de bectarina. *Seed Sci. & Technol.* **34**: 265-271.

Singh, D. P., Bhowmick, J. e Chaudhury, B. K. 2006. Effect of temperature on yield and yield componentsof fourteen wheat (*Triticum aestivum* L.) genotypes. *Environ. Ecol.* **24**: 550-554.

Sinha, J. P., Modi, B. S., Nagar, R. P., Sinha, S. N. e Vishwakarma, Manoj. 2001. Wheat seed processing and quality improvement. *Seed Res.* **29**: 171-178.

Sinsawat, V., Leipner, J., Stamp, P. e Fracheboud, Y. 2004. Effect of heat stress on the photosynthetic apparatus in maize (*Zea mays* L.) grown at control or high temperature. *Environ. Exp. Bot.* **52**: 123-129.

Slafer, G. A. e Satorre, E. H. 1999. *Wheat: Ecology and Physiology of Yield Determination.*Haworth PressTechnology and Industrial, ISBN 1560228741.

Slafer, G. A. e Savin, R. 1994. Relações fonte-dreno e massa de grãos em diferentes posições dentro da espiga no trigo. *Field Crops Res.* **37**: 39-49.

Sofield, I., Evans, L. T., Cook, M. G. e Wardlaw, I. F. 1977. Factores que influenciam a taxa e a duração do enchimento do grão no trigo. *Aust. J. Plant Physiol.* **4**: 785-797.

Soliman, W. S., Fujimori, M., Tase, K. e Sugiyama, S. I. 2011. Stress oxidativo e danos fisiológicos sob stress térmico prolongado em C_3 grass *Lolium perenne*. *Grassland Sci.* **57**: 101-106.

Srivalli, B., Vishanathan, C. e Renu, K. C. Antioxidant defense in response to abiotic stresses in plants. *J. Plant Biol.* **30**: 121-139.

Steiner, J. J. e Opoku-Boateng, K. 1991. Efeitos naturais da estação e da temperatura diurna na produção e qualidade das sementes de alface. *J. Amer. Soc. Hort. Sci.* **116**: 396-400.

Stone, P. J., Savin, R., Wardlaw, I. F. e Nicolas, M. E. 1995. A influência da temperatura de recuperação sobre os efeitos de um breve choque térmico no trigo. I. Grain growth. *Aust. J. Plant Physiol.* **22**: 945-954.

Streck, N. A. 2005. Mudanças climáticas e agroecossistemas: o efeito do CO atmosférico elevado$_2$ e da temperatura no crescimento, desenvolvimento e rendimento das culturas. *Ciencia Rural* **35**: 730-740.

Sullivan, C. Y. e Ross, W. M. 1979. Selecting for drought and heat resistance in grain sorghum, em: Mussell, H. e Staples, R. C. (Eds.), Stress Physiology in Crop Plants, Wiley Interscience, Nova Iorque. pp. 262-281.

Suwa, R., Hakata, H., Hara, H., El-Shemy, H. A., Adu-Gyamfi, J. J., Nguyen, N. T., Kanai, S., Lightfoot, D. A., Mohapatra, P. K. e Fujita, K. 2010. Efeitos da alta temperatura na partição fotossintética e no metabolismo do açúcar durante a expansão da espiga em genótipos de milho (*Zea mays* L.). *Plant Physiol. Biochem.* **48**: 124-130.

Suzuki, N. e Mittler, R., 2006. Reactive oxygen species and temperature stresses: a delicate balance between signaling and destruction. *Plant. Physiol.* **126**: 45-51.

Suzuki, N., Koussevitzky, S. Mittler, R. e Miller, G. 2012. ROS e sinalização redox na resposta das plantas ao estresse abiótico. *Plant Cell Environ.* **35**: 259-270.

Suzuki, N., Miller, G., Morales, J., Shulaev, V., Torres, M. A. e Mittler, R. 2011. Oxidases de explosão respiratória: Os motores da sinalização de ROS. *Curr. Opin. Plant Biol.* **14**: 691-699.

Tahir, I. S. A. e Nakata, N. 2005. Remobilização de azoto e hidratos de carbono dos caules do trigo panificável em resposta ao stress térmico durante o enchimento do grão. *J. Agron. Crop Sci.* **191**: 106-115.

Tan, W., Meng, Q. W., Brestic, M., Olsovska, K. e Yang, X. 2011. A fotossíntese é melhorada pelo cálcio exógeno em plantas de tabaco submetidas a stress térmico. *J. Plant Physiol.* **168**: 2063-2071.

Tewolde, H., Fernandez, C. J. e Erickson, C. A. 2006. Cultivares de trigo adaptadas ao stress de altas temperaturas após a colheita. *J. Agron. Crop Sci.* **192**: 111-120.

Toh, S., Imamura, A., Watanabe, A., Okamot, M., Jikumaru, Y., Hanada, A., Aso, Y., Ishiyama, K., Tamura, N. e Iuchi, S. 2008. Biossíntese de ácido abscísico induzida por altas temperaturas e seu papel na inibição da ação da giberelina em sementes *de Arabidopsis. Plant Physiol.* **146**: 1368-1385.

Tubiello, F. N., Soussana, J. F. e Howden, S. M. 2007. Resposta das culturas e das pastagens às alterações climáticas. *Proc. Nat. Acad. Sci. USA.* **104**: 19686-19690.

Tuhan, E., Gulen, H. e Eris, A. 2008. A atividade das enzimas antioxidativas em três cultivares de morango relacionada com a tolerância ao stress salino. *Ata Physiol Plant.* **30**: 201-208.

Tyagi, P. K., Pannu, R. K. Sharma, K. D. Chaudhary, B. D. e Singh, D. P. 2003. Resposta de diferentes cultivares de trigo (*Triticum aestivum* L.) ao stress térmico terminal. *Testes de Agroquímicos e Cultivares* **24**: 20-21.

Upadhyaya, A., Davis, T. D. e Sankhla, N. 1990. Epibrassinolide does not enhance heat shock tolerance and antioxidant activity in bean. *Hort. Sci.* **26**: 1065-1067.

Upadhyaya, A., Davis, T. D., Larsen, N. H., Walser, R. H. e Sankhla, N. 1990. Uniconazole-induced thermotolerance in soybean seedling root tissue. *Physiol. Plant.* **79**: 78-84.

Valliyodan, B. e Nguyen, H. T. 2006. Compreensão das redes de regulação e engenharia para aumentar a tolerância à seca nas plantas. *Curr. Opin. Plant Biol.* **9**: 189-195.

Vanniarajan, C., Sexena, S. e Nepolean, T. 2004. Envelhecimento acelerado em variedades de grama preta em pousio de arroz. *Legume Res.* **27** (2): 119-122.

Vasseur, F., Pantin, F. e Vile, D. 2011. Mudanças na intensidade da luz revelam um papel importante para o balanço de carbono nas respostas de *Arabidopsis* a altas temperaturas. *Plant Cell Environ.* **34**: 1563-1576.

Viswanathan, C. e Khanna-Chopra, R. 2001. Effect of heat stress on grain growth, starch synthesis and protein synthesis in grains of wheat (*Triticum aestivum* L.) varieties differing in grain weight stability. *J. Agron. Crop Sci.* **186**: 1-7.

Wahid, A., Gelani, S., Ashraf, M. e Foolad, M. R. 2007. Tolerância ao calor nas plantas: uma visão geral. *Environ. Exp. Bot.* **61**: 199-223.

Wang, X., Cai, J., Liu, F., Jin, M., Yu, H., Jiang, D., Wollenweber, B., Dai, T. e Cao, W. 2012. A aclimatação pré-antese a altas temperaturas alivia os efeitos negativos do stress térmico pós-antese na remobilização dos hidratos de carbono armazenados no caule e na acumulação de amido nos grãos de trigo. *J. Cereal Sci.* **55**: 331-336.

Wardlaw, I. F. e Moncur, L. 1995. The response of wheat to high temperature following anthesis. I A taxa e a duração do enchimento do grão. *Aust. J. Plant Physiol.* **22**: 391-397.

Wardlaw, I. F. e Wrigley, C. W. 1994. Tolerância ao calor em cereais de clima temperado: uma visão geral. *Aust. J. Plant Physiol.* **21**: 695-703.

Wardlaw, I. F., Sofield, I. e Cartwright, P. M. 1980. Factores que limitam a taxa de acumulação de matéria seca no grão de trigo cultivado a altas temperaturas. *Aust. J. Plant Physiol.* **7**: 387-400.

Warrington, J. J., Dunstone, R. L. e Green, L. M. 1977. Efeitos da temperatura em três estádios de desenvolvimento no rendimento da espiga de trigo. *Aust. J. Agric. Res.* **28**: 11-27.

Yin, X., Guo,W. and Spiertz, J. H. 2009.Aquantitative approach to characterize sink-source relationships during grain filling in contrasting wheat genotypes. *Field Crops Res.* **114**: 119-126.

Young, L. W., Wilen, R. W. e Bonham-Smith, P. C. 2004. O stress de alta temperatura em *Brassica napus* durante a floração reduz a fertilidade de micro e megagametófitos, induz o aborto de frutos e perturba a produção de sementes. *J. Exp. Bot.* **55**: 485-495.

Zahedi, M. e Jenner, C. F. 2003. Analysis of effects in wheat of high temperature on grain filling attributes estimated from mathematical models of grain filling. *J. Agric. Sci.* **141**: 203-212.

Zhang, H., Turner, N. C. e Poole, M. L. 2010. O balanço fonte-fundo e a manipulação das relações fonte-fundo do trigo indicam que o potencial de rendimento do trigo é limitado pelo sumidouro em zonas de elevada pluviosidade. *Crop and Pasture Sci.* **61**: 852-861.

Zhang, X., Cai, J., Wollenweber, B., Liu, F., Dai, T., Cao, W. e Jiang, D. 2013. Múltiplos eventos de calor e seca afetam o rendimento de grãos e o acúmulo de subunidades de glutenina de alto peso molecular e macropolímeros de glutenina no trigo. *J. Cereal Sci.* **57**: 134-140.

Zhang, Y., Mian, M. A. R. e Bouton, J. H. 2006. Estudos moleculares e genómicos recentes sobre a tolerância ao stress das gramíneas forrageiras e de relva. *Crop Sci.* **46**: 497-511.

Zhao, H., Dai, T., Jiang, D. e Cao, W. 2008. Effects of high temperature on key enzymes involved in starch and protein formation in grains of two wheat cultivars. *J. Agron. Crop Sci.* **194**: 47-54.

Zhao, Hui, dai Tingbo, Jing Qi, Jiang, Dong e Cao, Weixing. 2007. Senescência das folhas e enchimento de grãos afectados pela alta temperatura pós-antese em duas cultivares de trigo diferentes. *Plant Growth Regul.* **51**: 149-158.

Zhau, R. G., Fan, Z. H., Li, X. Z., Wang, Z. W. e Han, W. 1995. O efeito da aclimatação ao calor na termo-estabilidade da membrana e na atividade das enzimas reactivas. *Ata Agron. Sin.* **21**: 568-572.

Printed by Books on Demand GmbH, Norderstedt / Germany